宁夏三河源地区水文要素演变规律与水文模拟研究

U0247841

中国水利水电出版社
www.waterpub.com.cn
·北京·

内 容 提 要

本书以流域降雨径流过程为基础，从绪论、宁夏水文区划分析、三河源地区降雨径流时空变化特征分析、新安江模型、SWAT 模型和 CASC2D 模型六个方面进行了阐述，将多种水文模型在宁夏三河源地区的多个流域进行了建模和应用，形成了一个水文模拟理论研究与模型应用的完整体系。

本书内容涵盖水文相似性分析及水文区划、降雨径流历史演变过程分析、分布式水文模型构建与应用，是一本体系完整的水文模拟著作。

本书可作为高等院校水文与水资源相关专业的本科生、研究生的教材，也可供相关领域的科研和技术人员参考使用。

图书在版编目（CIP）数据

宁夏三河源地区水文要素演变规律与水文模拟研究 /
张汉辰等著. -- 北京 ： 中国水利水电出版社，2023.8
ISBN 978-7-5226-1741-1

Ⅰ．①宁… Ⅱ．①张… Ⅲ．①水文要素－演变－研究
－宁夏②水文模拟－研究－宁夏 Ⅳ．①P344.243
②P334

中国国家版本馆CIP数据核字(2023)第150475号

审图号：宁 S［2023］第 020 号

书　　名	宁夏三河源地区水文要素演变规律与水文模拟研究 NINGXIA SANHEYUAN DIQU SHUIWEN YAOSU YANBIAN GUILÜ YU SHUIWEN MONI YANJIU
作　　者	张汉辰　马　轶　朱旭东　张维江　著
出版发行	中国水利水电出版社 （北京市海淀区玉渊潭南路1号D座　100038） 网址：www.waterpub.com.cn E-mail：sales@mwr.gov.cn 电话：(010) 68545888 （营销中心）
经　　售	北京科水图书销售有限公司 电话：(010) 68545874、63202643 全国各地新华书店和相关出版物销售网点
排　　版	中国水利水电出版社微机排版中心
印　　刷	北京中献拓方科技发展有限公司
规　　格	170mm×240mm　16开本　11.25印张　214千字
版　　次	2023年8月第1版　2023年8月第1次印刷
定　　价	**75.00 元**

前 言

　　宁夏三河源地区是清水河、泾河、葫芦河的河源区，水资源问题长期制约该地区经济社会的发展。

　　在自然和人类活动的共同影响下，旱区水资源系统更加敏感和脆弱，表现为极端水文事件增加、水资源不确定性加大以及水循环规律改变等。分析降雨、径流、下垫面等特征的水文响应影响因子及时空分布变化规律，利用水文模型模拟流域降雨径流过程，是区域水资源时空分布特征及规律研究的技术与方法。而面对不断加剧的人类活动和气候变化对水资源时空分布的影响，旱区水文模拟又是一个亟待解决的难题。

　　作者结合近年来开展的各类科研项目成果，吸收国内外可应用于该地区的成熟理论与方法，编著了本书。本书重点介绍了水文要素的计算方法和分析方法、水文相似性分析方法、主导性产流机制评价方法、新安江模型的次洪模拟与日洪模拟研究、分布式水文物理模型 SWAT 和 CASC2D 的架构与应用等内容，可作为高等院校水文与水资源相关专业的本科生、研究生的教材，也可供相关领域的科研和技术人员参考使用。

　　本书的具体分工如下：第 1 章由朱旭东编写；第 2 章由张汉辰编写；第 3 章的 3.1～3.2 节由张维江编写，3.3～3.5 节由马轶编写；第 4 章的 4.1～4.2 节和 4.4 节由张汉辰编写，4.3 节由马轶编写；第 5 章的 5.1～5.2 节由张维江编写，5.3 节由马轶编写，5.4 节由张汉辰编写；第 6 章由张汉辰编写。此外，李娟、黄艳、王永良、蒋春源、徐小涵、钱昆仑、陈文轩等也参与了本书的编写工作。本书得到宁夏高等学校一流学科建设项目（NXYLXK2021A03）、宁夏回族自治区重点研发计划重大（重点）项目（清水河流域生态经济林小降雨资源可持续利用与应用研究）（2023BEG02054）、宁夏自然科学基金项目（2021AAC03033）、宁夏回族自治区重点研发计划项目（引才专项）（2020BEB04027）、宁夏回族自治区重点研发计划重大（重点）项目（2018BEG02010）等基金项目的资助，在此表示感谢。

因时间和水平所限，书中难免存在疏漏，欢迎读者批评指正。

作者

2023 年 5 月

目 ■ 录

第 1 章

绪　　论

水是自然条件下各种物质运移和转化的主要载体，水循环更是各类生物生存和人类社会经济发展极为重要的条件。水循环一方面促进了人类社会经济和文明的进步，另一方面又带来了很多自然灾害。洪水是水循环过程中一个典型的自然灾害，给人类社会的生活和生产带来了严重的损失和灾害。因此，水文模拟是洪水灾害研究的重点。

1.1　研究背景

为了减少洪水带来的危害，我国投入了大量人力、物力、财力，采用工程措施和非工程措施进行防洪减灾工作。其中，工程措施主要是防止和控制洪水，通过蓄、泄、分、滞等方法兴修调度或控制洪水的水利工程，如堤防、水库、蓄滞洪区、水土保持工程、河道整治工程等；非工程措施主要是指通过法令、政策、经济手段、技术手段等方法降低洪灾造成的损失，如建立洪水预警系统、完善规章制度、加强洪泛区管理等。然而，想要以加高堤防和修建水利工程的措施抵御洪水需要花费极大的人力和物力，且不可能在短期内办到。大型防洪工程投资大、占地多、移民问题突出且开发条件差，能够合理开发的工程逐渐减少。所以，需要以工程措施为主、非工程措施为辅，将两种措施结合应用来降低洪灾带来的损失。人类在抵御洪水的长期实践中发现，水文预报是非工程措施的关键技术之一。

水文预报是通过对区域内自然条件下实际发生的蒸发、降雨、水位、流量、气温等信息的观测，采用一定的分析方法，对将来一段时间内的水文状态定性或定量的描述。它的目标是通过精确的水文预报为水资源高效利用和优化配置提供依据，能够保障和促进国民经济快速发展。当前花费最小且行之有效的防洪措施是改良水文模拟方法、提高预报精度和优化洪水调度方案。传统的降雨径流相关图和单位线作为经验性的预报方法有着简单实用的优点，但是缺乏物理依据作为理论基础，且无法避免由主观性导致的操作程度过高的缺陷，如次雨量或次洪起止时间可以控制、地下水分割可以自由决定等。目前，主要的降雨径流预报方法是基于水量平衡方程，通过一系列描述产汇流特性的方程耦合而成的水文模型。水文模型能够将一系列气象和流域数据作为模型的输入信息，通过参数率定、数值分析、实时矫正等过程对流域的蓄水过程、蒸散发过程、出口断面的水位流量过程进行模拟。通过水文学者几十年的不断努力，水文模型现已广泛应用在水资源优化配置、防洪减灾、全球气候变化下的水文响应、面源污染防治、市政规划、人类活动影响下的区域水资源影响等方面，为学者和管理部门发现和解决水文问题提供了依据。在水文模拟和水资源优化配置的计算中，现阶段应用广泛且能够得到较好结果的流域水文模型有：中国的新安江模型和陕北模型、瑞典的 HBV（hydrologiska byråns vattenbalansav delning）模型、美国的 SWAT（soil and woter assessment tool）模型等。

　　根据模型的构建基础和控制方程将水文模型划分为黑箱模型（经验模型）、概念性模型和物理模型。黑箱模型无法描述流域内部降雨径流的物理过程，模型的结构和计算过程仅对输入数据和计算结果的时间序列进行分析；概念性模型的结构和参数具有一定的物理意义，但其控制方程并不是严格以物理定律为依据；物理模型的每一个控制方程和参数都是严格地依据物理定律。根据对水文过程描述的离散程度能够将水文模型概括为集总式模型、分布式模型和半分布式模型。集总式模型把流域概化为一个整体进行径流过程的模拟；分布式模型根据流域各处气象条件和下垫面条件的不同，将流域分割成更小的单元，并在每一个小单元上用一系列参数描述流域特性，可以从物理原理上描述降雨及下垫面条件时空分布不均匀对流域产汇流计算过程的影响；半分布式模型则介于集总式模型和分布式模型之间。近几十年来，随着遥感技术（remote sensing）、地理信息系统（geography information systems）、全球定位系统（global positioning systems）（统称为"3S 技术"）以及计算机水平的发展，基于物理基础的分布式水文模型得到了广泛的应用和研究。尽管基于物理基础的分布式水文模型在理论基础上提升了模型的精确性和准确性，但是其在实际应用中受限于过多的输入信息、复杂的参数以及计算效率等。此外，由输入信息和应用尺度导致的参数优选问题严重影响了参数的物理意义，如何确定模型的应用范围以及敏感参数在不同尺度条件下的合理选择是基于物理基础的分布式水文模型在不断改进过程中需要解决的重要难题。

1.2 三河源地区概况

三河源地区地处我国西北地区东部，位于宁夏回族自治区（简称"宁夏"）南部，包括固原市原州区、泾源县、彭阳县、西吉县、隆德县，中卫市海原县、中宁县和吴忠市同心县，属黄河中上游西北黄土高原丘陵沟壑区和六盘山土石山地区，约占宁夏总面积的 30%，习惯上称为"宁南山区"三河源。三河源地区涉及范围主要有土石质山区和黄土丘陵沟壑区两大地貌类型。

1.2.1 自然地理

土石质山区包括六盘山及与之断续相连的月亮山、南华山和西华山，统称"六盘山山地"，面积约 2200km²，绵延 200km，海拔 2400～2900m，高寒阴湿，宜林木生长，素有黄土高原上的"绿岛""水塔"之称。六盘山山地是黄土高原西部主要天然林的分布区，由于长期的不合理开发利用，现存天然次生林仅分布在六盘山南段，面积约 260km²，以落叶阔叶林为主，具有温带半湿润区山地植被组合的特点。其余广大山地，森林多已退化为草甸草原或灌丛草原。土石质山区土层薄，一般厚度在 0.3m 以上，土壤主要为山地灰褐土和亚高山草甸土。

黄土丘陵沟壑区属中温带半干旱区，土壤主要为黄绵土和黑垆土，植被以干草原为主，局部阴坡散布小块草甸草原。除六盘山周围的清水河河谷平原、葫芦河、洪河、茹河、彭阳黄土残塬、南西华山北侧盆堖地以外，区域内其余地貌皆为黄土梁峁丘陵，海拔 1700～2000m。由于土地垦殖率高，天然植被遭到极大破坏，加之暴雨和疏松的黄土条件，致使水土流失十分严重，彭阳县安家川、原州区双井沟、西吉县滥泥河等流域侵蚀模数在 5000t/(km²·a) 以上，河流年均含沙量 100～300kg/m³。

1.2.2 气候气象

三河源地区跨越三个气候类型区，自南向北由暖温带半湿润区向中温带半干旱、干旱区过渡，为典型大陆性气候。受太阳辐射、大气环流和地理环境等因素影响，三河源地区的气象要素在垂直和水平地带的分布差异较大，寒暑变化剧烈，日照时数、气温、光热、蒸发量自南向北递增，而降水量则递减；年均气温 4～9℃，年平均降水量 300～750mm，平均风速 1.8～3.0m/s，年日照时数 2322～3073h，无霜期 100～175d，不低于 10℃ 的积温 2000～3300℃；具有冬寒长、春暖快、夏热短、秋凉早的季节特征，干旱少雨、日照充足、蒸发强烈、风大沙多的气候特点，南凉北暖、南湿北干和气象灾害较多的气象特征。

1.2.3　水文水资源

清水河、泾河、葫芦河年地表水资源量 6.573 亿 m³，人均水资源占有量 293m³，为全国多年人均水资源量的 1/6。其中，清水河流域多年平均径流量 1.886 亿 m³，径流深 14mm；泾河流域多年平均径流量 3.264 亿 m³，径流深 65.9mm；葫芦河流域多年平均地表水资源量 1.532 亿 m³，径流深 46.7mm，均为严重缺水地区。

三河源地区平均地下水资源量为 3.07 亿 m³，矿化度小于 2g/L 的地下水资源量为 2.635 亿 m³，主要分布在葫芦河河谷、清水河河谷上游、彭阳县大部分区域；矿化度大于 2g/L 的地下水资源量为 0.26 亿 m³，主要分布在西吉县和海原县大部分区域。

地下水分布不均、开采条件差异较大，其分布趋势与年降水量分布基本一致，呈现出自南向北递减的规律。位于半湿润气候区的六盘山区，包括泾源县、隆德县大部、原州区南部，地下水资源相对丰富；位于半干旱区的黄土丘陵区，包括西吉县、原州区、海原县及彭阳县，地貌类型以黄土丘陵为主，地下水资源比较贫乏；位于干旱区的海原县北部地下水资源十分贫乏。

1.2.4　生态环境

三河源地区总土地面积 15500km²，其中水土流失面积 13600km²，占土地总面积的 88%，水土流失严重。在水土流失面积中，轻度水土流失占 15.3%，中度水土流失占 31.1%，强度水土流失占 35.2%，极强度水土流失占 6.4%。自 20 世纪 80 年代以来，三河源地区的降水呈现出不断减少的变化趋势，使得其水资源量少、质差、时空分布不均的特征更加明显。自 20 世纪以来，区域水资源污染呈现出不断加剧的变化趋势，各河流的水环境污染情况为：泾河水系由于无工业企业，水质相对较好；葫芦河由于淀粉加工废水的排放，部分水库水体遭受污染；清水河的径流量自上而下虽逐渐增大，但水质状况却在逐渐变差，水质综合评价为劣 V 类，水体矿化度较高且污染呈现逐年加重的趋势。

1.3　水文模型研究进展

对水文模型的研究最早始于 20 世纪初，达西（Darcy）、曼宁（Manning）等研究水流运动实验和模拟的学者认为以牛顿力学为基础的达西定律是分析土壤水和地下水运移及变化的重要依据。20 世纪 20 年代初，水文模型逐渐采用推理公式法和等流时线法对降雨径流过程进行计算。水文工作者则基于典型案例归纳和总结推导出可以普遍适用于其他相似案例的经验公式。20 世纪 40 年代，霍顿（Horton）和谢尔曼（Sherman）分别提出了超渗产流和单位线的理论及其计算方法，水文模型的发展开始强调水文循环的机理，并逐渐开始定量描述各个过程中的水文变量。纳什（Nash）等进一步对单位线进行了研究和分析，发现可以通过简化后的差分方程解得到单位线的形状，从而提高了其物理意义和可靠性。

"流域水文模型"这一概念最早源于 20 世纪 50 年代中期，最早的水文模型是 SSARR（streamflow synthesis and reservoir regulation）模型和 SWM（stanford watershed model）模型。20 世纪 70—80 年代是水文模型发展的黄金期，涌现出了大量优秀的经验性模型和概念性模型，如新安江模型、Sacramento 模型、Tank 模型、HEC-1 模型、Stanford 模型、SAC-SMA 模型、陕北模型、SCS（soil conservation service）模型等。这一阶段的经验性模型大多采用经验性的分析方法，基于霍顿产流理论以及单位线或线性水库的汇流理论，只需要输入降雨数据即可得到流域出口的流量过程；概念性模型则总结了长期的经验和结论，通过集总的方式描述流域的水文过程，具有一定的物理意义但无法直接测量或估算。根据应用尺度可以将水文模型分为小尺度、中尺度、大尺度模型，通常将控制面积小于 100km^2 的流域称为小尺度，控制面积为 $100 \sim 1000 \text{km}^2$ 的流域称为中尺度，控制面积大于 1000km^2 的流域称为大尺度；根据时间尺度可以将水文模型分为次洪模型、日模型、月模型和年模型；根据方程的求解方法可以将水文模型分为数值模型、模拟模型、分析模型；根据应用范围则可以将水文模型分为规划模型、管理模型、预报模型等。

当前的主要研究方向和热点是结构、参数、控制方程均具有明确物理意义且具有分布式输入和输出的模型。物理模型又称为"白箱"模型，其控制方程在水量平衡方程的基础上加入动量守恒定律和能量守恒定律，使其具有明确的物理意义。1969 年，Freeze 和 Harlan 发表了"一个具有物理基础数值模拟的水文响应模型的蓝图（FH69 蓝图）"，具有物理基础的分布式水文模型正是以此框架为基础开发的。首个典型的基于物理基础的分布式水文模型是由丹麦水利研究所、英国水文研究所、法国格雷诺布尔水力学研究与应用学会在 1986 年共同研究开发的欧洲水文系统（systeme hydrologique europeen，SHE）模型。SHE 模型的结构及其控制方程以水动力学为依据，将流域划分成数个网格单元，并在每一个网格单元上独立进行产汇流过程的计算。模型解决了参数、降雨、下垫面特征、水文响应等在水平方向上空间分布不均匀的问题，还将土壤在垂直方向上划分为数层，并对地表水和地下水在各层土壤中的运动情况进行了模拟。模型充分考虑了空间降雨分布、植被截留、蒸散发、多层土壤下渗、地表径流、壤中流、地下径流、融雪径流等水文过程，模型参数具有明确的物理意义，能够通过观测或对历史资料的分析获得。除此之外，较为常见的基于物理基础的分布式水文模型还有 IHDM 模型、CASC2D 模型、HILLFLOW 模型、TOPOG 模型、VIC 模型、WATER-FLOOD 模型、DHSVM 模型、WetSpa 模型、Vflo 模型等。通过能量、质量、动量方程对水文循环过程进行描述，采用连续方程和控制方程对水量和能量变化进行描述，充分考虑了水文要素、水文参数以及水文响应的时空分布不均匀特性；能够充分利用通过 3S 技术获得的具有时空分布特性的数据，促进了模型在物理机制和水文循环时空变化规律方面的发展。与传统的概念性模型相比，虽然模型建立的结构更合理、参数更具有物理意义，但是其模拟结果的精度往往较低。这是由于现有的资料条件还不足以满足复杂的输入信息，由此产生较多的不确定模拟过程。国际水文科学协会（international association of hydrological sciences，IAHS）于 2003 年开展了无资料流域水文预报（predictions in ungauged basins），在十年时间里对相关水文模型研究的进步给予了充分肯定。

　　基于物理基础的分布式水文模型在我国发展较为缓慢，自 20 世纪 90 年代以来，国内学者进行了诸多探索性的工作并取得了一定的进展。

第 2 章

宁 夏 水 文 区 划 分 析

2.1 研究区概况及相似性分析方法

2.1.1 研究区概况

2.1.1.1 地理位置

宁夏回族自治区（简称"宁夏"）（北纬 $35°14'\sim39°23'$，东经 $104°17'\sim107°40'$），地处我国中部偏北的内陆、黄河中上游中段，东与陕西省定边县相毗邻，西部和北部分别与内蒙古自治区阿拉善左旗和鄂托克前旗接壤，南与甘肃省庆阳、平凉、定西以及白银市相连。宁夏回族自治区下辖银川、中卫、固原、石嘴山和吴忠 5 个地级市，青铜峡和灵武 2 个县级市，以及永宁、贺兰、盐池、中宁、平罗、同心、泾源、彭阳、海原、隆德和西吉 11 个县。全区总面积 6.64 万 km^2，其中干旱、半干旱面积占总面积的 75% 以上，宁夏回族自治区行政区划如图 2.1 所示。

2.1.1.2 地形地貌

宁夏地处华北台地、鄂尔多斯台地和祁连山之间的过渡地带，全境海拔均在 1000m 以上，区内山地与平原交错分布，丘陵连绵，沙地沙丘散布，其中平原、丘陵、山地和台地面积分别占全区总面积的 39.26%、37.41%、14.84% 和 8.49%。地形南北狭长，地势南高北低，高差近 1000m，呈阶梯状下降。

宁夏地貌具有明显的南北分界特征，自北向南依次为贺兰山山地、银川平原、宁中山地、灵盐台地、宁南黄土丘陵以及六盘山山地等六个地貌单元，呈现由干旱剥蚀、风蚀地貌逐渐向流水侵蚀的黄土地貌过渡的特征。

2.1.1.3 气候特征

宁夏地处西北内陆地区，远离海洋，位于中国季风区西缘，冬季受蒙古

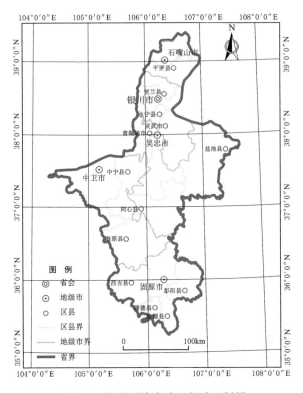

图 2.1　宁夏回族自治区行政区划图

高压控制，夏季处于东南季风西行末梢，属典型温带大陆性气候，具有冬寒夏热、冬长夏短、南湿北干、南凉北暖、降水稀少、日照充足、蒸发强烈以及风大沙多等特点。受季风影响，宁夏多年平均气温为 5～9℃，呈北高南低分布，其中大武口区和中宁县是年均气温最高的地区。此外，以最低日气温大于 0℃的最长日数为指标，全区多年平均无霜期为 130～180d，年日照时数为 2200～3100h，日照百分率为 50%～69%，由北向南逐渐递减。

2.1.1.4　土壤植被

宁夏土壤种类丰富多样，主要包括黑垆土、灰钙土、灰褐土、灰漠土以及草甸土等，其中宁夏中部、北部地区植被多以草原和荒漠草原为主，罗山和贺兰山主要为灰钙土、灰褐土以及亚高山草甸土，而在台地和洪积平原等地势较高处则以灰钙土为主；宁南黄土丘陵区广泛分布黄土和黑垆土，六盘山主要发育灰褐土及草甸土。

宁夏的植被类型主要有草原、草甸、灌丛、沼泽以及森林等，总体上以草原植被为主，其面积占自然植被面积的 79.5%。森林主要分布在山地，其中贺兰山和罗山等地以针叶林为主，而阔叶林则主要分布在宁夏南部的六盘山。

2.1.1.5 水文特征

宁夏降水较少，多年平均降水量为 292.3mm（1981—2018 年），由南向北逐渐递减。其中，南部六盘山多年平均降水量可达 600mm 以上，中部黄土丘陵区为 300～600mm，同心及盐池一带为 200～300mm，而北部银川平原及卫宁平原的多年平均降水量仅为 200mm 左右。整体上区内年降水量在 400mm 以下的地区总面积约占全区的 80%，不足 200mm 降水量的地区占全区总面积的 28.6%。此外，宁夏降水具有年内分配不均的特点，主要集中在每年的 6—9 月，约占年降水量的 70%，并且降水集中度由南向北逐渐增大；宁夏降水的年际变化同样较大，区内年降水量的变差系数 C_v 值在 0.15～0.45 之间，由南向北随着降水量的减小年际变化逐渐增大，表明本区降水量年际变化具有不稳定性。

宁夏日照强烈、湿度低、风力大，是全国水面蒸发量较高的省份之一，年平均水面蒸发量为 920.0～1650.0mm（1981—2018 年），多年平均年水面蒸发量为 1317.8mm，多年平均年陆面蒸发量为 271.0mm，总体上全区蒸发量的变化趋势大致与降水量相反，呈现由北向南逐渐递减的特征。

2.1.1.6 主要河流

宁夏的主要河流包括黄河干流、清水河、苦水河、葫芦河、泾河以及红柳沟等。黄河干流是宁夏最主要的供水水源，黄河宁夏段全长 397km，年平均径流量为 264.3 亿 m^3，其中下河沿水文站实测入境水量为 297.0 亿 m^3，石嘴山站出境水量为 267.8 亿 m^3，进出相差量为 29.2 亿 m^3。黄河属泥沙性河流，沙量主要来自黄河甘肃段支流以及宁夏清水河、苦水河和红柳沟等支流，具有年际变化较大、年内分配不均以及丰枯交替变化的显著特征。宁夏水系分布如图 2.2 所示。

清水河是宁夏境内汇入黄河的最大支流，发源于固原市原州区开城乡，河流总长 320km，流域面积 14481km²，支流包括东至河、中河以及折死沟等 8 条河流。清水河的降水量时空分布不均且年际变化较大，具有水少沙多、水质较差以及水土流失严重等特征。

苦水河是宁夏入黄的第二大支流，发源于甘肃省环县沙坡子沟，流域总面积 5218km²，主河长 224km。苦水河位于黄土丘陵区，全年干旱少雨，多年平均降水量为 252.0mm，属于干旱水少、水质较差的干旱区季节性河流。

葫芦河发源于固原市西吉县月亮山，区内流域面积 3281km²，宁夏段河流总长 120km，多年平均降水量 454.0mm。葫芦河左岸有马连川河、唐家河及水洛河等 8 条支流，右岸主要支流为滥泥河，流经隆德县后流入甘肃省。

泾河发源于固原市泾源县六盘山东麓，流域面积 4955km²，宁夏段干流

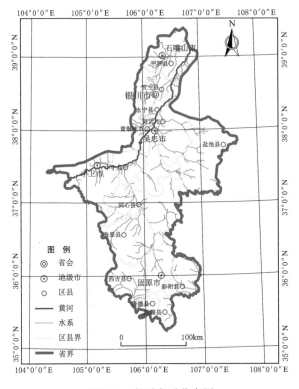

图 2.2　宁夏水系分布图

长 39km，主要支流包括洪河、茹河等 6 条河流，流经彭阳县和泾源县后进入甘肃省。泾河上游气候湿润，多年平均降水量可达 700.0mm，是全区最湿润的流域。

红柳沟发源于吴忠市同心县田老庄乡，流域面积 1064km²，河长 107km，由南向北贯穿红寺堡开发区后直接汇入黄河。红柳沟地处黄土高原丘陵区，降水稀少，多年平均降水量 258.0mm，平均径流深 6.1mm，具有年际变化较大、水土流失严重以及易发生山洪等自然灾害的特征。

2.1.2　相似性分析方法

确定不同流域水文特征、气候条件、地形地貌以及土壤植被等流域特征因子间的差异性与相似性是水文区划的依据，因此所收集的自然地理资料应尽可能与这些因素有关，能够准确反映研究区水文气象和下垫面条件等自然地理特征。宁夏矢量图采用 2020 年宁夏回族自治区各市、县级行政区矢量文件，作为勾勒研究区边界线的依据。用于基本地理处理的数字高程模型（digital elevation model，DEM）数据来源于中国科学院计算机网络信息中心地理空间数据云平台提供的 SRTMDEM UTM 原始高程数据，选用条带号为 57 和 58、行编号均为 05 的 DEM 图像，分辨率为 90m×90m。这两组遥感图像完全覆盖研究区域，并且图像清晰、包含完整的地表数据资料及地理坐标系统，主要用于提取流域水系及子流域的划分。

土壤资料采用 2009 年中国地形矢量数据，包含 0～20cm 厚度的土壤砂粒、粉粒和黏粒含量，土壤类型以及土壤饱和导水率等信息；土地利用数据采用 2000 年中国土地覆盖数据，数据涵盖了全国范围内耕地、林地、灌木、草地、沙地、裸地以及水体等主要的土地利用类型；气象数据采用国家气象科学数据中心提供的中国地面气候资料日值数据集，包含 1981—2018 年宁夏 12 个地面观测站的日降水量及日蒸发量数据（表 2.1）。资料选用 1981—1987 年固原市泾源县三关口流域和 2011—2017 年石嘴山市平罗县汝箕沟流域的日降雨流量资料以及洪水资料，主要用于模拟洪水和降雨-径流过程。

表 2.1　　　　　　　　　宁夏地面气象测站信息

测站名称	测站号	城市	区县	经度/(°)	纬度/(°)	高程/m
惠农站	53519	石嘴山市	惠农区	106.77	39.22	1092.5
吴忠站	53612	吴忠市	利通区	106.18	37.98	1128.8
银川站	53614	银川市	金凤区	106.20	38.47	1110.9
陶乐站	53615	石嘴山市	平罗县	106.70	38.80	1101.6
中卫站	53704	中卫市	沙坡头区	105.18	37.53	1225.7
中宁站	53705	中卫市	中宁县	105.68	37.48	1183.4
盐池站	53723	吴忠市	盐池县	107.38	37.80	1349.3
海原站	53806	中卫市	海原县	105.65	36.57	1854.2
同心站	53810	吴忠市	同心县	105.90	36.97	1339.3
固原站	53817	固原市	原州区	106.27	36.00	1753.0
西吉站	53903	固原市	西吉县	105.72	35.97	1916.5
六盘山站	53910	固原市	隆德县	106.20	35.67	2841.2

前已叙述，下垫面结构特征、驱动力条件以及水流动力特征相同或相似的流域即可被定义为水文相似流域。自然流域是一个开放且复杂的水文系统，对于面积较小的网格，坡度是影响产流的重要因素，当降雨强度超过土壤蓄水能力和土壤下渗能力时，积水在重力作用下顺坡流动形成产流，并且产流形成的速度、单宽流量和流速均与坡度的大小有关。随着流域面积的增加，土壤初始含水量及降雨下渗强度等因子将起主导作用，并且流域的空间变异性和水文不确定性也在不断地增加。而对于流域面积相似的区域，坡度和最大高程差越大，产流时间就越短。

另外，土壤质地同样会影响流域产流过程，如具有良好透水性的砂土或砾石土下垫面入渗率高，当降雨时极易出现超渗径流，产流能力低；黏粒含量高的土壤膨胀力强，雨水彻底渗透时入渗率极低，因此具有较高的产流能力。此外，不同的土地利用类型同样会对土壤产流过程造成影响，较高的植被覆盖能有效减少径流量，增加入渗量，并且不同种类的农作物所产生的降雨截留和蒸发量也不尽相同；从土壤的持水性和入渗性来看，草地和灌木的涵养水源及理水调洪能力较强，入渗率较低。

采用水文相似性法选取流域特征因子时，不仅要考虑指标对产流影响的高低，也要考虑因子计算的便捷性来选取合适的数量，同时这些因子还需要具有足够的代表性，能充分反映流域水文特征规律及水文响应。然而，当前在如何选取水文相似性指标方面并没有统一的标准，结合宁夏实际的流域特征及研究目标，选取流域面积、流域平均坡度、流域最大高程差、土壤砂粒含量、土壤粉粒含量、土壤黏料含量、沙化率、耕地率、灌丛地率、多年平均降水量以及干旱指数等 11 项流域特征因子作为流域水文相似性指标。

2.1.2.1　聚类分析

聚类分析是根据相似性原理将样本数据划分为多个类别的过程，可确保同组数据差异性最小且相似性最大、不同组数据间差异性最大且相似性最小。该方法通过数据的分布特征将多种无法确定类别的数据区分开来，从实际的应用角度来看有利于减少研究对象的数目、增强数据分析的简便性和直观性以及确定数据间的相似性与差异性，目前已广泛应用到水文、气象及地质等领域的研究。

聚类算法种类较多，有层次聚类、模糊聚类、快速聚类、基于主成分分析的快速聚类和决策树聚类等方法，SPSS 软件为这一分析提供了可能。选取层次聚类法、快速聚类法以及基于主成分分析的快速聚类法三种聚类方法分别对各流域的特征因子展开分析，从而确定各流域间的水文相似性程度。

1. 层次聚类法

层次聚类法又称为系统聚类法，它通过给定某一距离将样本数据集合中相近程度最高的两类归为一类，并在新的类别划分下继续计算其余数据间的距离，不断重复直至产生一个完整的聚类序列，这是聚类分析中最为常用的一种方法。层次聚类的距离计算方法包括欧式距离、欧式平方距离以及余弦距离等 8 种方法；类间距的计算包括组间连接、组内连接、质心聚类法等 7 种方法。层次聚类法的计算步骤如下：

步骤一：对原始样本数据做标准化处理，将其转换成无量纲值；

步骤二：设定相应的参数，计算变量间的距离并选取合适的类间距；

步骤三：将类间距最为接近的两个子流域合并为同一类；

步骤四：在新类别下重新计算剩余子流域的类间距；

步骤五：重复步骤三、四，直到所有子流域都分类完成。

2. 快速聚类法

快速聚类法即均值聚类法，与层次聚类法不同，快速聚类法首先需要根据研究目标提前设置类别数并选定聚心，使样本数据分别向距离较近的聚心凝集，直到完成所有的分类为止。快速聚类法的计算步骤如下：

步骤一：对原始样本数据做标准化处理，将其转换成无量纲值；

步骤二：根据研究目标设定所需的聚类数目；

步骤三：计算样本数据到聚类中心的距离，将样本数据合并到离它最近的聚类中心；

步骤四：重复步骤三，直到样本数据不再发生变化。

3. 基于主成分分析的快速聚类法

主成分分析法是由 Hotelling 提出的一种对多变量数据进行降维处理的统计方法，即通过保留部分具有综合意义的代表性指标来代替原有的多个特征指标，确保各主成分间线性不相关，在损失较少数据的基础上完成快速聚类。计算的具体步骤如下：

步骤一：对原始样本数据做标准化处理，将其转换成无量纲值；

步骤二：计算各指标间的相关系数，并建立相关系数矩阵；

步骤三：分别计算特征值和特征向量，确定主成分；

步骤四：计算主成分的指标值，并用主成分代替原有指标；

步骤五：采用主成分变量的分析结果完成快速聚类。

2.1.2.2　地形指数

地形指数最早是由 Beven 和 Kirkby 基于 TOPmodel 提出的一种能够反映土壤水、土壤饱和度及产流过程的重要参数。在水文研究中，地形指数常被用来定量地估计地形对产流的影响，通过提取流域高程数据中的地貌信息来研究流域某点径流的累积趋势及顺坡移动的趋势，具有相同的地形指数值即可认为具有相同的水文响应。地形指数的计算公式为

$$T = \ln(a/\tan\beta) \tag{2.1}$$

式中：T 为流域某点的地形指数；a 为单位等高线长度上的汇水面积，km^2；β 为局部地表坡度，(°)。

通过 ArcGIS 10.2 软件中的栅格计算器功能分别计算各三级子流域的地形指数并提取地形指数分布曲线，以确定宁夏主导性产流的分界线，曲线相似的流域即可认为具有相同的产流过程。

2.1.2.3　地形曲线数

SCS 模型是 20 世纪 50 年代中期由美国水土保持局编写出版的《水土保

持手册》一书提出的一种确定集水区径流量的模型。模型假定实际径流量和实际下渗量分别与最大可能径流量和最大可能下渗量相关，同时假定土壤初始含水量等于土壤最大可能含水量的 20%。其中，地形曲线数（curve number，CN）是 SCS 模型唯一的无量纲参数，它是根据流域土壤类型、土地利用类型、土壤下渗率及初始土壤含水量等要素综合评定而来的一种径流系数，反映了一般湿度下流域的下垫面下渗能力，主要用于描述超渗径流产生的容易程度，计算公式为

$$CN = 1000/(S+10) \tag{2.2}$$

式中：CN 为地形曲线数；参数 S 取决于土壤入渗速率和土壤初始含水量。

一般而言 CN 的取值范围为 30～100，低于 30 或超过 100 的情况均不可能发生，而 CN 值小表示下垫面下渗能力强，超渗产流难以发生；CN 值大表示下垫面下渗能力弱，超渗产流容易发生。

宁夏土壤类型划分见表 2.2。根据美国水土保持局提供的 CN 值取值表并综合国内专家学者的部分研究成果，同时充分考虑宁夏独特的自然地理条件，最终确定出宁夏 CN 指标值（表 2.3）。

表 2.2　　　　　　　　　　　　宁 夏 土 壤 类 型 划 分

土壤分组	土 壤 类 型	土 壤 特 征
A 组	砂土、砂质壤土和壤质砂土	土壤具有良好的透水性能，土壤水完全饱和时仍具有极高的入渗速率和导水率
B 组	粉砂土、粉砂壤土和壤土	土壤剖面一定深度具有一层弱不透水层，土壤水完全饱和时具有较高的入渗速率和导水率
C 组	砂质黏壤土	土壤剖面一定深度可能存在一层不透水层，土壤水完全饱和时具有中等的入渗速率和导水率
D 组	黏壤土、粉砂质黏壤土、砂质黏土、粉砂质黏土和黏土	近地表面具有不透水黏土层并且地下水埋藏很浅、水位高，土壤水完全饱和时具有极低的入渗速率和导水率

表 2.3　　　　　　　　　　　　宁 夏 CN 指 标 值

土地利用类型	CN 指 标 值			
	A 组	B 组	C 组	D 组
林地	36	60	79	79
草地（繁茂）	49	69	84	84
草地（稀疏）	68	79	89	89
灌木	49	69	84	84
耕地	70	80	90	90
沙地	76	86	94	94
水体	100	100	100	100

研究区 DEM 图像的处理、划分及合并宁夏子流域、提取流域特征因子、地形指数的计算，以及水文区划图的制作均在 ArcGIS 10.2 软件中完成；利用 SPSS 19.0 软件完成聚类分析；在 Excel 办公软件中地形指数分布曲线图的制作完成；用于验证产流划分结果准确性的典型流域洪水模拟在 Visual Basic 6.0 软件中完成。

2.2 基于水文相似性的宁夏水文区划研究

本章基于宁夏 DEM 图像、流域气候特征以及下垫面数据采用层次聚类法、快速聚类法和基于主成分分析的快速聚类法三种聚类方法分别对宁夏 493 个子流域展开水文区划研究，通过综合比较分析方法来确定宁夏水文区划的分布特征，以期为资料匮乏或无资料地区的水文区划提供必要的参考。

2.2.1 宁夏 DEM 图像的预处理

DEM 是通过有限的地形高程数据来表示地面高程的一种模型，主要用于描述高程、地形地貌以及地表坡向坡度等流域特征因子间线性和非线性组合的空间分布。在生成自然子流域以及计算各子流域的流域特征因子前首先需要对原始的宁夏 DEM 图像数据进行必要的处理，以获取重要的流域数据信息，具体步骤如下：

(1) 宁夏 DEM 图像的生成。在 ArcGIS 10.2 软件中，利用 Mosaic To New Raster 工具将条带号为 57 和 58 的 DEM 数据合并拼接成一个大范围且无缝的栅格图像，然后利用 "宁夏回族自治区.shp" 矢量边界文件裁剪生成研究区范围的原始 DEM 图像并分层设色表示（图 2.3）。

(2) 提取原始水流方向。水流离开每一个栅格单元时的指向就是水流方向。水文模块中的 Flow Direction 工具是通过多项流算法在基于宁夏 DEM 图像的基础上计算中心栅格与领域栅格之间的最大权重落差来确定流域内每一个栅格的流向。水流方向的提取结果如图 2.4 所示。

(3) 洼地计算。无洼地的 DEM 图像能更加准确地反映地表形态，然而原始 DEM 图像中存在一些水流方向不合理的洼地和伪洼地，这些洼地影响着数字水系的连续性以及地形指数的计算结果，因此通过 Sink 工具可以在水流方向计算结果的基础上搜索流域内存在的洼地和伪洼地并计算洼地深度，以确保 DEM 图像能够生成理想的水文路径。流域的洼地分布如图 2.5 所示。

(4) 填洼。根据流域洼地的计算结果采用 Fill 工具将洼地的阈值设为与其相邻点的最小高程值，经洼地填平后再重复洼地计算，直到所有的洼地都被填平、新的洼地不再产生为止，最终生成宁夏无洼地的 DEM 图像（图 2.6）。

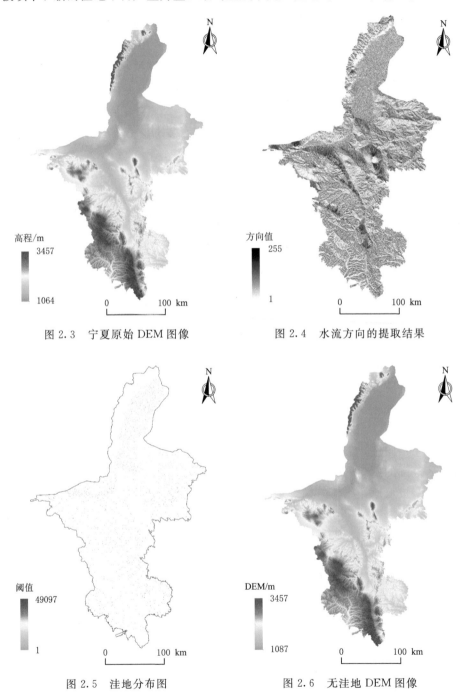

图 2.3　宁夏原始 DEM 图像　　　　图 2.4　水流方向的提取结果

图 2.5　洼地分布图　　　　　　图 2.6　无洼地 DEM 图像

（5）水流方向的重新计算。在宁夏无洼地 DEM 图像的基础上重新计算研究区水流方向，计算方法同步骤（2）。经洼地填充后的水流方向分布如图 2.7 所示。

（6）汇流累积量的计算。流域某点的汇流累积量与上游累积汇流数有关，汇流累积量越高表示该点流入的栅格数越多，说明该栅格位置越容易形成有效地表径流。结合宁夏无洼地 DEM 图像，采用 Flow Accumulation 工具计算流域栅格的累积汇流量，一般而言处于上游格网的汇流累积量较小，而处于下游格网的汇流累积量较大。

（7）栅格河网的生成。当上游汇流累积量达到一定值时就会产生地表径流，大于临界汇流累积量的栅格所形成的潜在水流路径组合就形成了河网。因此临界汇流累积量的大小决定了河网的疏密度，结合流域水系和地形地貌特征以及多次的试验结果，最终确定研究区的临界累积量为 10000。通过 Con 工具计算属于流域水系的格网，以准确反映流域最终的河道形态。计算得到的栅格河网如图 2.8 所示。

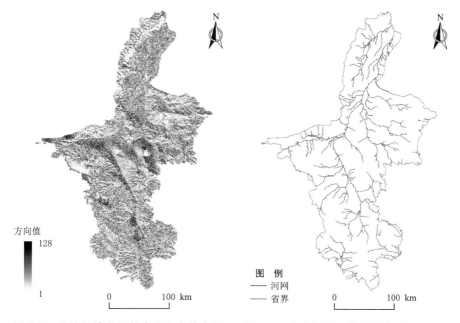

图 2.7　经洼地填充后的水流方向分布图　　图 2.8　栅格河网（临界累积量＞10000）

2.2.2　自然子流域区划研究

2.2.2.1　自然子流域的生成

流域也称集水区域，是指一定范围内的水流从某个最低点流出所形成的一个集中排水区域，而流域最低点所在的栅格就是流域水流的出水口位置。正常情况下每一个天然河网都有属于自己的水文地理特征，较大的流域往往是由若干较小的流域组成，而这些小流域间的分界线就是分水岭，由分水岭分割所形成的汇水区域称为子流域，同一区域内子流域数目越多，影响该流域的产流因素就越单一。因此，结合地表流向数据采用 ArcGIS 中的 Basin 工具可以快速找到流域边缘出水口栅格点的位置，每一条河流的出口均处在各个子流域的边缘，所有汇入流域出水口的上游栅格区域即为子流域的范围。

根据自然子流域法将宁夏初步划分为 493 个子流域。由于较多的流域数会导致计算流域特征因子时的步骤过于烦琐，因此通过综合分析流域的实际水系分布特征以及下垫面资料对子流域进行合并，确保各子流域间的特征因子差异性最大且相似性最小。经合并处理后，最终将宁夏划分为 32 个自然子流域，各自然子流域的平均面积为 $1618km^2$。将宁夏栅格河网数据与自然子流域的区划结果合并处理后转换成矢量数据，同时对各自然子流域以流域 1～流域 32 分别命名。自然子流域的区划结果如图 2.9 所示。

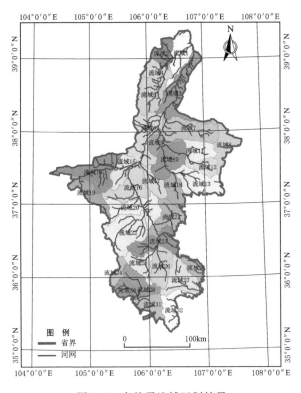

图 2.9　自然子流域区划结果

2.2.2.2　流域特征因子计算

在基于宁夏 DEM 图像、原始地形地貌、土壤以及气象等数据的基础上确定宁夏整体的特征数据值，并根据自然子流域的区划结果提取子流域的特征因子值。

1. 相似性指标处理方法及计算方法

（1）流域面积。根据研究区的矢量边界范围直接在 ArcGIS 属性表中计算流域面积。

（2）流域平均坡度。坡度是指地表单元陡缓的程度，即坡面垂直高度与水平方向的距离比。在计算坡度之前首先将宁夏原始 DEM 图像的坐标投影变换为 WGS_1984_UTM_Zone_48N，然后采用表面分析模块下的 Slope 工具计算流域地表坡度，计算结果如图 2.10 所示。

（3）流域最大高程差。由于 DEM 图像中包含了原始流域高程数据，因此最大高程差的计算即通过经投影坐标变换后的 DEM 图像计算而来。

（4）土壤砂粒含量。利用宁夏 DEM 图像的边界范围从 2009 年中国地形矢量数据中提取宁夏土壤砂粒含量数据，经分层设色处理后得到宁夏土壤砂粒含量分布图，如图 2.11 所示。

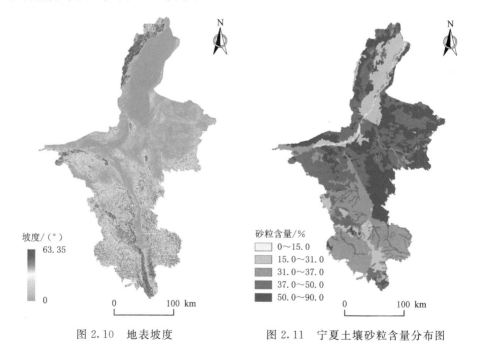

图 2.10　地表坡度　　　　　　图 2.11　宁夏土壤砂粒含量分布图

（5）土壤粉粒含量。利用宁夏 DEM 图像的边界范围从 2009 年中国地形矢量数据中提取宁夏土壤粉粒含量数据，经分层处理后得到宁夏土壤粉粒含量分布图，如图 2.12 所示。

（6）土壤黏粒含量。利用宁夏 DEM 图像的边界范围从 2009 年中国地形矢量数据中提取宁夏土壤黏粒含量数据，经分层处理后得到宁夏土壤黏粒含量分布图，如图 2.13 所示。

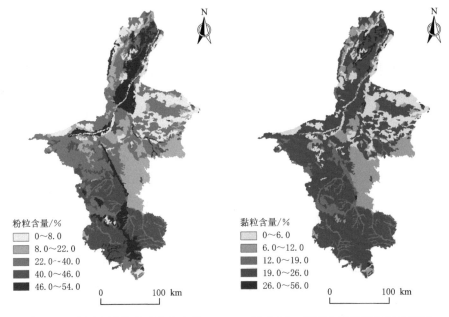

图 2.12　宁夏土壤粉粒含量分布图　　图 2.13　宁夏土壤黏粒含量分布图

（7）沙化率。利用宁夏 DEM 图像的边界范围从 2000 年中国土地覆盖数据中提取土地利用类型数据并进行计算，即可得到沙化率。经分层设色处理后得到宁夏沙地类型分布图，如图 2.14 所示。

（8）耕地率。利用宁夏 DEM 图像的边界范围从 2000 年中国土地覆盖数据中提取土地利用类型数据并进计算，即可得到耕地率。经分层设色处理后得到宁夏植被类型分布图，如图 2.15 所示。

（9）灌丛地率。利用宁夏 DEM 图像的边界范围从 2000 年中国土地覆盖数据中提取土地利用数据并进行计算，即可得灌丛地率。

（10）流域多年平均降水量。结合中国地面气候资料日值数据集提取 1981—2018 年宁夏 12 个地面观测站的日降水量及日蒸发量数据，经统计计算后求得宁夏 12 个地面观测站的多年平均降水量和多年平均水面蒸发量，然后在 ArcGIS 软件中采用反距离权重插值法依次计算宁夏多年平均降水量和多年平均水面蒸发量的空间插值分布。宁夏多年平均降水量分布如图 2.16 所示。

（11）干旱指数。多年平均水面蒸发量与多年平均降水量的比值即为干旱指数，反映了流域气候的干旱程度。基于宁夏多年平均降水量与多年平均水面蒸发量的插值结果，利用 Raster Calculator 工具计算得到宁夏干旱指数分布图（图 2.17）。

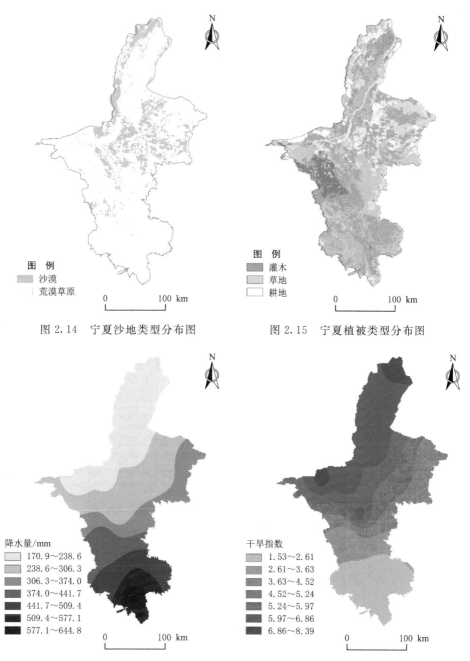

图 2.14　宁夏沙地类型分布图　　　　图 2.15　宁夏植被类型分布图

图 2.16　宁夏多年平均降水量分布图　　　　图 2.17　干旱指数分布图

2．流域特因子的计算

根据宁夏自然子流域的区划结果以及各项指标的计算结果依次计算各子流域的流域特征因子值。流域特征因子的计算结果见表 2.4。

表 2.4　　　　流域特征因子的计算结果

流域序号	流域面积/km²	流域平均坡度/(°)	流域最大高程差/m	土壤砂粒含量/%	土壤粉粒含量/%	土壤黏粒含量/%	沙化率/%	耕地率/%	灌丛地率/%	流域多年平均降水量/mm	干旱指数
1	1728.29	3.280	1341	40.87	38.11	21.02	29.28	16.62	79.31	195.7	7.27
2	1009.47	10.692	1347	58.81	23.88	17.32	62.34	9.84	86.89	211.2	6.62
3	2538.91	1.052	410	48.36	34.68	16.96	15.22	31.57	56.38	214.2	6.36
4	1174.92	8.683	2393	52.61	29.91	17.48	24.90	35.41	56.95	219.6	6.31
5	1849.48	5.105	2285	53.84	30.62	15.53	26.49	24.72	72.72	223.7	6.29
6	2591.33	1.819	665	42.18	38.70	19.12	37.17	25.25	65.64	228.3	6.21
7	2737.38	1.724	591	64.18	22.83	12.99	25.38	7.28	91.91	260.0	5.28
8	1494.39	2.230	544	71.50	17.41	11.08	14.12	0.05	99.88	324.9	4.06
9	815.65	1.893	652	45.81	36.48	17.72	23.43	36.76	63.21	224.1	6.30
10	2104.04	2.265	1356	61.63	24.36	14.01	43.67	0.87	98.71	255.8	5.50
11	1214.84	1.622	400	64.58	22.37	13.05	15.29	0.00	99.87	290.6	4.66
12	968.26	1.831	605	60.46	25.15	14.38	26.87	0.00	100.00	302.5	4.45
13	2278.96	4.308	642	61.90	23.40	14.71	34.96	0.04	99.79	305.9	4.43
14	2717.32	4.389	1164	54.12	28.47	17.42	60.58	1.72	30.65	224.6	6.27
15	1199.35	3.330	982	53.09	29.94	16.97	40.95	12.53	73.13	229.0	6.30
16	2157.74	3.507	1183	50.36	32.32	17.32	33.07	5.50	90.83	257.2	5.71
17	1066.53	4.014	1462	67.09	19.73	13.18	35.23	1.15	98.50	270.5	5.40
18	1140.83	2.870	1286	61.87	23.43	14.70	34.25	4.26	95.06	300.9	4.65
19	1304.28	6.821	1014	41.61	38.04	20.35	53.75	0.00	47.13	268.9	5.15
20	2327.56	5.557	867	46.93	34.38	18.69	14.69	0.85	96.06	297.1	5.03
21	1748.34	7.769	747	69.65	17.16	13.18	7.94	8.99	91.01	340.6	4.06
22	2939.72	8.100	1601	38.01	41.21	20.79	18.23	8.64	90.70	380.0	3.47
23	1829.29	9.257	1355	54.91	28.20	16.89	7.18	26.71	73.20	411.4	3.04
24	581.81	10.398	858	39.85	40.17	19.98	0.32	56.55	43.45	433.6	2.50
25	1175.27	11.392	1148	38.64	41.16	20.20	2.99	52.88	43.86	452.2	2.43
26	1685.41	7.961	1331	36.97	42.38	20.65	0.57	34.49	65.08	493.8	2.31
27	1994.67	10.215	1597	37.14	41.99	20.87	0.08	27.55	71.29	514.0	2.20
28	732.78	11.276	601	39.24	40.49	20.28	0.00	28.33	71.67	468.4	2.52
29	1299.57	9.151	1129	36.46	42.67	20.87	0.03	89.12	10.88	484.0	2.07
30	731.83	10.783	453	35.94	43.17	20.89	0.00	85.77	14.23	453.2	2.22

续表

流域序号	流域面积/km²	流域平均坡度/(°)	流域最大高程差/m	土壤砂粒含量/%	土壤粉粒含量/%	土壤黏粒含量/%	沙化率/%	耕地率/%	灌丛地率/%	流域多年平均降水量/mm	干旱指数
31	1190.50	11.143	1247	36.90	42.17	20.93	0.04	56.14	36.70	590.4	1.79
32	1449.74	13.874	1576	40.55	38.79	20.66	0.00	19.51	50.15	591.5	1.83
平均值	1618.08	6.418	1089	50.19	32.31	17.51	21.53	22.16	70.78	335.0	4.46

2.2.3 聚类分析

2.2.3.1 样本数据的标准化处理

根据流域特征因子值的计算结果分别对宁夏 32 个子流域不同指标间的相似程度进行分类计算，确定宁夏水文区划的分布规律。由于流域特征指标单位与量级的不同会影响聚类结果，为了消除不同指标间不同量纲的影响，需要对原始数据展开标准化处理，确保不同指标间具有相同的量度。通过 SPSS 19.0 软件将宁夏 32 个子流域的 11 项特征因子数据转换为无量纲值，转换后的样本数据标准化矩阵见表 2.5。可以发现部分经标准化处理后的数据取值区间并未完全分布在 $[-1,1]$ 区间，这是因为在实际问题的处理过程中无法确保所有样本数据都是常态分布，因此部分数据的标准化结果超出值域范围是正常的。

表 2.5 流域特征因子标准化处理结果

流域序号	流域面积	流域平均坡度	流域最大高程差	土壤砂粒含量	土壤粉粒含量	土壤黏粒含量	沙化率	耕地率	灌丛地率	流域多年平均降水量	干旱指数
1	0.167	−0.771	0.510	0.823	0.692	1.154	0.417	−0.229	0.330	−1.184	1.644
2	−0.992	1.197	0.522	0.763	−1.005	−0.070	2.191	−0.510	0.624	−1.052	1.263
3	1.395	−1.318	−1.370	−0.159	0.285	−0.170	−0.340	0.390	−0.556	−1.027	1.111
4	−0.671	0.712	2.634	0.213	−0.288	−0.004	0.181	0.546	−0.537	−0.980	1.082
5	0.350	−0.268	2.416	0.320	−0.205	−0.666	0.267	0.105	0.074	−0.946	1.071
6	1.474	−1.156	−0.855	−0.708	0.763	0.525	0.842	0.126	−0.200	−0.907	1.024
7	1.695	−1.184	−1.004	1.241	−1.137	−1.493	0.208	−0.613	0.817	−0.637	0.480
8	−0.187	−1.091	−1.099	1.888	−1.782	−2.122	−0.399	−0.914	1.127	−0.086	−0.233
9	−1.215	−1.142	−0.881	−0.389	0.500	0.062	0.100	0.604	−0.293	−0.942	1.076
10	0.736	−1.054	0.540	1.011	−0.946	−1.162	1.191	−0.877	1.081	−0.673	0.609
11	−0.611	−1.196	−1.390	1.277	−1.185	−1.460	−0.335	−0.914	1.127	−0.377	0.117
12	−0.984	−1.143	−0.976	0.913	−0.850	−1.030	0.288	−0.914	1.131	−0.276	−0.005
13	1.001	−0.472	−0.901	1.038	−1.065	−0.931	0.724	0.022	1.123	−0.247	−0.017
14	1.665	−0.507	0.152	0.346	−0.456	−0.037	2.099	−0.844	−1.551	−0.938	1.059

续表

流域序号	流域面积	流域平均坡度	流域最大高程差	土壤砂粒含量	土壤粉粒含量	土壤黏粒含量	沙化率	耕地率	灌丛地率	流域多年平均降水量	干旱指数
15	−0.634	−0.763	−0.215	0.258	−0.288	−0.170	1.041	−0.398	0.090	−0.901	1.076
16	0.817	−0.720	0.191	0.019	−0.001	−0.070	0.622	−0.687	0.775	−0.661	0.731
17	−0.835	−0.587	0.754	1.498	−1.507	−1.427	0.734	−0.868	1.073	−0.548	0.550
18	−0.723	−0.856	0.399	1.038	−1.065	−0.931	0.686	−0.736	0.941	−0.290	0.112
19	−0.475	0.156	−0.150	−0.761	0.680	0.956	1.729	−0.914	−0.916	−0.561	0.404
20	1.075	−0.162	−0.447	−0.292	0.249	0.393	−0.367	−0.877	0.980	−0.322	0.334
21	0.197	0.453	−0.689	1.729	−1.806	−1.427	−0.732	−0.543	0.783	0.048	−0.233
22	2.002	0.507	1.035	−1.080	1.062	1.088	−0.179	−0.559	0.771	0.383	−0.578
23	0.320	0.840	0.538	0.417	−0.491	−0.203	−0.770	0.188	0.094	0.650	−0.830
24	−1.570	1.087	−0.465	−0.912	0.943	0.823	−1.141	1.417	−1.056	0.838	−1.145
25	−0.671	1.363	0.120	−1.027	1.062	0.889	−0.996	1.268	−1.040	0.996	−1.186
26	0.102	0.449	0.490	−1.169	1.205	1.022	−1.125	0.509	−0.220	1.350	−1.257
27	0.570	1.077	1.027	−1.160	1.158	1.121	−1.152	0.225	0.020	1.529	−1.321
28	−1.341	1.405	−0.984	−0.974	0.978	0.922	−1.157	0.254	0.036	1.135	−1.134
29	−0.482	0.757	0.082	−1.213	1.241	1.121	−1.157	2.761	−2.317	1.266	−1.397
30	−1.342	1.189	−1.283	−1.266	1.301	1.121	−1.157	2.625	−2.190	1.005	−1.309
31	−0.648	1.274	0.320	−1.178	1.182	1.121	−1.157	1.400	−1.319	2.171	−1.561
32	−0.255	1.928	0.984	−0.859	0.775	1.055	−1.157	−0.109	−0.800	2.181	−1.537

2.2.3.2　层次聚类分析结果

层次聚类法的类间距计算方法包括组间连接法、组内连接法、最近邻元素法、最远邻元素法、质心聚类法、中位数聚类法以及 Ward 法等 7 种，不同类间距计算方法的区别见表 2.6。层次聚类法的距离计算采用欧式距离法。

表 2.6　　　　　　　　　　　　类间距计算方法

方法	方法简述
组间连接法	合并两类结果确保所有两类之间的平均距离最小
组内连接法	将两类合并为一类后组内类中所有项之间的平均距离最小
最近邻元素法	根据两类间的最近距离测量两类间的相似性
最远邻元素法	根据两类间的最远距离测量两类间的相似性
质心聚类法	根据两类间的重心间距测量两类间的相似性
中位数聚类法	根据两类间的中位数间距测量两类间的相似性
Ward 法	保证同类离差平方和较小，不同类离差平方和较大

1. 组间连接法

组间连接法的聚类群集计算过程见附录 A.1，根据聚类群集的过程可以完整地看到 32 个子流域合并的过程。例如，聚类开始后首先将流域 26 和流域 27 合并为一类，两者之间的距离系数为 1.090，表明这两个流域相对于其他子流域最为相似，然后跳转至第 13 阶与流域 32 合并为新的一类，以此类推直到所有子流域都归类完毕。

结合水文区划目标和组间连接群集表与树状图的分布情况（图 2.18），选取某一特定的类间距作为分界线，位于分界线左侧的同一类别即属于同一区划。最终，组间连接法将宁夏 32 个自然子流域合并为四大类：

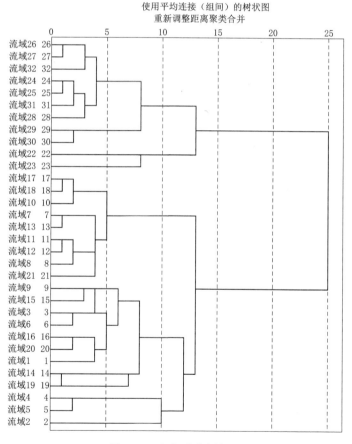

图 2.18　组间连接树状图

类别一：流域 24、流域 25、流域 26、流域 27、流域 28、流域 29、流域 30、流域 31 和流域 32。

类别二：流域 22 和流域 23。

类别三：流域 7、流域 8、流域 10、流域 11、流域 12、流域 13、流域 17、流域 18 和流域 21。

类别四：流域 1、流域 2、流域 3、流域 4、流域 5、流域 6、流域 9、流域 14、流域 15、流域 16、流域 19 和流域 20。

2. 组内连接法

组内连接法的聚类群集计算过程见附录 A.2。结合水文区划目标和组内连接群集表与树状图的分布情况（图 2.19），最终将宁夏 32 个自然子流域合并为四大类：

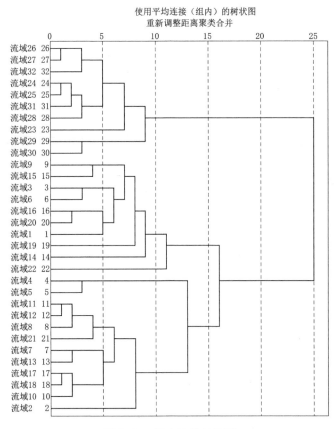

图 2.19　组内连接树状图

类别一：流域 23、流域 24、流域 25、流域 26、流域 27、流域 28、流域 29、流域 30、流域 31 和流域 32。

类别二：流域 1、流域 3、流域 6、流域 9、流域 14、流域 15、流域 16、流域 19、流域 20 和流域 22。

类别三：流域 4 和流域 5。

类别四：流域 2、流域 7、流域 8、流域 10、流域 11、流域 12、流域 13、流域 17、流域 18 和流域 21。

3. 最近邻元素法

最近邻元素法的聚类群集计算过程见附录 A.3。结合水文区划目标和最近邻元素群集表与树状图的分布情况（图 2.20），最终将宁夏 32 个自然子流域合并为八大类：

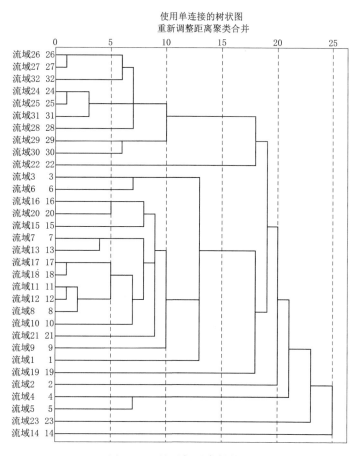

图 2.20 最近邻元素树状图

类别一：流域 24、流域 25、流域 26、流域 27、流域 28、流域 29、流域 30、流域 31 和流域 32。

类别二：流域 22。

类别三：流域 1、流域 3、流域 6、流域 7、流域 8、流域 9、流域 10、流域 11、流域 12、流域 13、流域 15、流域 16、流域 17、流域 18、流域 20 和流域 21。

类别四：流域 19。

类别五：流域 2。

类别六：流域 4 和流域 5。

类别七：流域 23。

类别八：流域 14。

4. 最远邻元素法

最远邻元素法的聚类群集计算过程见附录 A.4。结合水文区划目标和最远邻元素群集表与树状图的分布情况（图 2.21），最终将宁夏 32 个自然子流域合并为四大类：

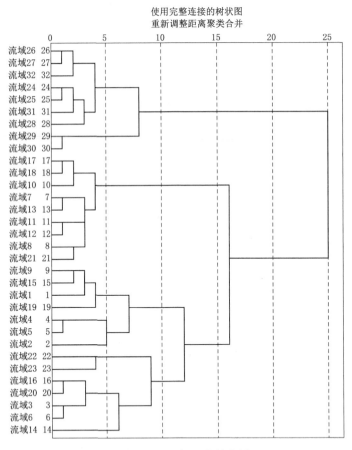

图 2.21　最远邻元素树状图

类别一：流域 24、流域 25、流域 26、流域 27、流域 28、流域 29、流域 30、流域 31 和流域 32。

类别二：流域 7、流域 8、流域 10、流域 11、流域 12、流域 13、流域

17、流域 18 和流域 21。

类别三：流域 1、流域 2、流域 4、流域 5、流域 9、流域 15 和流域 19。

类别四：流域 3、流域 6、流域 14、流域 16、流域 20、流域 22 和流域 23。

5. 质心聚类法

质心聚类法的聚类群集计算过程见附录 A.5。结合水文区划目标和质心聚类群集表与树状图的分布情况（图 2.22），最终将宁夏 32 个自然子流域合并为八大类：

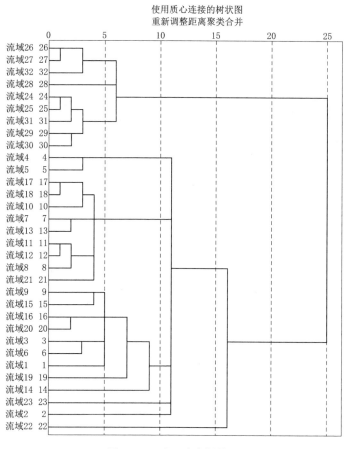

图 2.22　质心聚类树状图

类别一：流域 24、流域 25、流域 26、流域 27、流域 28、流域 29、流域 30、流域 31 和流域 32。

类别二：流域 4 和流域 5。

类别三：流域 7、流域 8、流域 10、流域 11、流域 12、流域 13、流域 17、流域 18、流域 21。

类别四：流域 1、流域 3、流域 6、流域 9、流域 15、流域 16、流域 19 和流域 20。

类别五：流域 14。

类别六：流域 23。

类别七：流域 2。

类别八：流域 22。

6. 中位数聚类法

中位数聚类法的聚类群集计算过程见附录 A.6。结合水文区划目标和中位数聚类群集表与树状图的分布情况（图 2.23），最终将宁夏 32 个自然子流域合并为八大类：

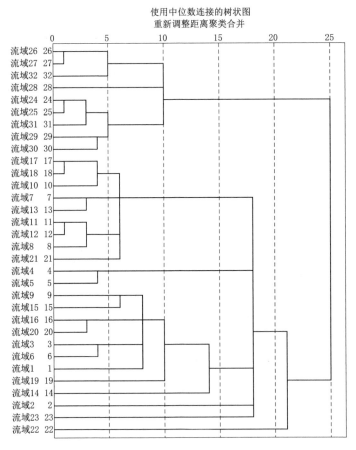

图 2.23　中位数聚类树状图

类别一：流域 24、流域 25、流域 26、流域 27、流域 28、流域 29、流域 30、流域 31 和流域 32。

类别二：流域 7、流域 8、流域 10、流域 11、流域 12、流域 13、流域 17、流域 18 和流域 21。

类别三：流域 4 和流域 5。

类别四：流域 1、流域 3、流域 6、流域 9、流域 15、流域 16、流域 19 和流域 20。

类别五：流域 14。

类别六：流域 2。

类别七：流域 23。

类别八：流域 22。

7. Ward 法

Ward 法的聚类群集计算过程见附录 A.7。结合水文区划目标和 Ward 法群集表与树状图的分布情况（图 2.24），最终将宁夏 32 个自然子流域合并为四大类：

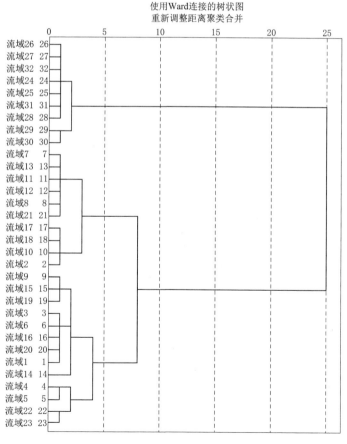

图 2.24　Ward 法聚类树状图

类别一：流域 24、流域 25、流域 26、流域 27、流域 28、流域 29、流域 30、流域 31 和流域 32。

类别二：流域 2、流域 7、流域 8、流域 10、流域 11、流域 12、流域 13、流域 17、流域 18 和流域 21。

类别三：流域 1、流域 3、流域 6、流域 9、流域 14、流域 15、流域 16、流域 19 和流域 20。

类别四：流域 4、流域 5、流域 22 和流域 23。

2.2.3.3　快速聚类分析结果

与层次聚类法相比，快速聚类法具有计算速度较快、结果直观等特点。结合 7 种层次聚类法的聚类结果设定快速聚类的初始聚类中心为 4、最大迭代次数为 10，然后以间距最小为原则计算快速聚类的初始聚类中心、最终聚类中心以及聚类成员分布，计算结果分别见表 2.7～表 2.9。

表 2.7　　　　　　　　　　初 始 聚 类 中 心

变　量	聚　类			
	1	2	3	4
流域面积	−1.34	1.67	−0.19	2.00
流域平均坡度	1.19	−0.51	−1.09	0.51
流域最大高程差	−1.28	0.15	−1.10	1.03
土壤砂粒含量	−1.27	0.35	1.89	−1.08
土壤粉粒含量	1.30	−0.46	−1.78	1.06
土壤黏粒含量	1.12	−0.04	−2.12	1.09
沙化率	−1.16	2.10	−0.40	−0.18
耕地率	2.63	−0.84	−0.91	−0.56
灌丛地率	−2.19	−1.55	1.13	0.77
流域多年平均降水量	1.00	−0.94	−0.09	0.38
干旱指数	−1.31	1.06	−0.23	−0.58

表 2.8　　　　　　　　　　最 终 聚 类 中 心

变　量	聚　类			
	1	2	3	4
流域面积	−0.90	0.18	0.03	0.81
流域平均坡度	1.29	−0.42	−0.79	0.54
流域最大高程差	−0.18	0.27	−0.49	0.53
土壤砂粒含量	−1.06	−0.08	1.29	−0.66

变 量	聚 类			
	1	2	3	4
土壤粉粒含量	1.07	0.06	−1.26	0.64
土壤黏粒含量	1.01	0.14	−1.33	0.68
沙化率	−1.13	0.83	0.26	−0.72
耕地率	1.37	−0.16	−0.81	−0.10
灌丛地率	−1.24	−0.20	1.02	0.33
流域多年平均降水量	1.37	−0.92	−0.34	0.72
干旱指数	−1.32	1.05	0.15	−0.73

表 2.9 　　　　　　　　　**聚 类 成 员 分 布**

流域名称	聚类	距离	流域名称	聚类	距离
流域 1	2	1.743	流域 17	3	1.694
流域 2	2	2.911	流域 18	3	1.347
流域 3	2	2.637	流域 19	2	2.206
流域 4	2	2.978	流域 20	4	2.290
流域 5	2	2.451	流域 21	3	1.881
流域 6	2	2.147	流域 22	4	1.739
流域 7	3	1.873	流域 23	4	1.924
流域 8	3	1.562	流域 24	1	0.997
流域 9	2	2.284	流域 25	1	0.625
流域 10	3	1.734	流域 26	4	1.653
流域 11	3	1.341	流域 27	4	1.645
流域 12	3	1.361	流域 28	1	1.965
流域 13	3	1.323	流域 29	1	1.920
流域 14	2	2.573	流域 30	1	2.035
流域 15	2	1.236	流域 31	1	1.026
流域 16	2	1.412	流域 32	1	2.324

　　由表 2.9 的聚类成员分布情况,将宁夏 32 个自然子流域合并为四大类:

　　类别一:流域 24、流域 25、流域 28、流域 29、流域 30、流域 31 和流域 32。

　　类别二:流域 1、流域 2、流域 3、流域 4、流域 5、流域 6、流域 9、流域 14、流域 15、流域 16 和流域 19。

类别三：流域7、流域8、流域10、流域11、流域12、流域13、流域17、流域18和流域21。

类别四：流域20、流域22、流域23、流域26和流域27。

2.2.3.4　基于主成分分析的快速聚类结果

在展开主成分分析之前首先需要计算流域特征因子之间的相关系数，了解各指标间的相关性。相关系数的计算结果见附录A.8，从附录中可以看出各流域特征因子间的相关性较强，较适合做主成分分析。

表2.10反映了主成分分析的公因子方差，提取的公因子方差越接近1，表示提取该指标时缺失了部分信息。从表2.10中可以看出提取流域特征指标的公因子方差基本都高于0.8，仅灌丛地率的公因子方差为0.788，说明主成分分析的提取度较好，基本满足主成分聚类分析的要求。

表 2.10　　　　　　公　因　子　方　差

流域特征因子	初始	提取	流域特征因子	初始	提取
流域面积	1.000	0.885	沙化率	1.000	0.816
流域平均坡度	1.000	0.849	耕地率	1.000	0.814
流域最大高程差	1.000	0.916	灌丛地率	1.000	0.788
土壤砂粒含量	1.000	0.960	流域多年平均降水量	1.000	0.953
土壤粉粒含量	1.000	0.954	干旱指数	1.000	0.950
土壤黏粒含量	1.000	0.933			

表2.11表示主成分分析解释的总方差。由分析结果可以看出，从11个流域特征因子中共提取出4个主成分，每一个主成分的特征值均大于1，并且累计贡献率达到了89.255%，满足大于85%的要求。

表 2.11　　　　　　解　释　的　总　方　差

成分	初始特征值			提取平方和载入		
	合计	方差的百分比/%	累计百分比/%	合计	方差的百分比/%	累计百分比/%
1	5.990	54.450	54.450	5.990	54.450	54.450
2	1.704	15.493	69.943	1.704	15.493	69.943
3	1.119	10.170	80.114	1.119	10.170	80.114
4	1.006	9.142	89.255	1.006	9.142	89.255
5	0.509	4.623	93.879			
6	0.392	3.559	97.438			
7	0.167	1.521	98.959			
8	0.080	0.724	99.683			

成分	初始特征值			提取平方和载入		
	合计	方差的百分比/%	累计百分比/%	合计	方差的百分比/%	累计百分比/%
9	0.022	0.199	99.881			
10	0.013	0.118	100.000			
11	0.000	0.000	100.000			

因此根据表 2.11 的提取结果，选取前 4 个主成分代替原始流域特征指标进行聚类分析，分别以主成分 $F1$、$F2$、$F3$ 和 $F4$ 代表四个变量，替换结果见表 2.12。

表 2.12　　　　　　　　　　主 成 分 分 析 结 果

流域名称	主　　成　　分			
	$F1$	$F2$	$F3$	$F4$
流域 1	−0.524	2.329	−0.287	−0.065
流域 2	−1.856	0.762	1.133	−1.907
流域 3	−0.878	1.068	−2.129	0.948
流域 4	−0.094	1.394	1.915	−1.873
流域 5	−1.144	1.305	1.666	−0.684
流域 6	−0.677	2.070	−1.537	1.044
流域 7	−2.904	−0.714	−0.704	1.310
流域 8	−2.917	−2.748	−0.422	0.135
流域 9	−0.307	0.770	−1.830	−1.216
流域 10	−2.898	0.064	0.639	0.245
流域 11	−2.479	−2.052	−0.954	−0.062
流域 12	−2.103	−1.515	−0.645	−0.395
流域 13	−2.341	−0.909	−0.127	0.954
流域 14	−1.730	2.154	−0.189	0.175
流域 15	−1.528	0.717	−0.544	−0.976
流域 16	−1.466	0.861	0.105	0.665
流域 17	−2.792	−1.033	1.033	−1.136
流域 18	−2.098	−0.869	0.558	−0.702
流域 19	0.111	1.748	−0.300	−0.686
流域 20	−0.596	0.293	−0.097	1.498
流域 21	−1.784	−2.442	0.375	0.165

续表

流域名称	主 成 分			
	$F1$	$F2$	$F3$	$F4$
流域 22	1.021	1.191	1.324	2.343
流域 23	0.601	−1.074	1.035	0.366
流域 24	3.253	−0.646	−0.645	−0.971
流域 25	3.329	−0.187	0.042	−0.296
流域 26	2.762	−0.105	0.416	0.962
流域 27	2.864	−0.046	1.297	1.360
流域 28	2.740	−1.172	−0.356	−0.068
流域 29	4.414	0.316	−0.860	−0.586
流域 30	4.439	−0.245	−1.846	−1.091
流域 31	4.171	−0.498	0.268	0.003
流域 32	3.414	−0.787	1.665	0.546

结合主成分分析的结果，利用提取的 4 个变量进行快速聚类分析，设定初始聚类中心为 4，最大迭代次数为 10，聚类过程与快速聚类法相同，基于主成分分析的快速聚类成员分布见表 2.13。根据表 2.13 的聚类分布特征将宁夏 32 个自然子流域分为四大类：

类别一：流域 20、流域 22、流域 23。

类别二：流域 7、流域 8、流域 10、流域 11、流域 12、流域 13、流域 17、流域 18 和流域 21。

类别三：流域 24、流域 25、流域 26、流域 27、流域 28、流域 29、流域 30、流域 31 和流域 32。

类别四：流域 1、流域 2、流域 3、流域 4、流域 5、流域 6、流域 9、流域 14、流域 15、流域 16 和流域 19。

表 2.13　　　　　　　　　　基于主成分分析的快速聚类成员

案例号	流域名称	聚类	距离
1	流域 1	4	1.091
2	流域 2	4	2.283
3	流域 3	4	2.398
4	流域 4	4	2.683
5	流域 5	4	1.882
6	流域 6	4	2.122
7	流域 7	2	1.619
8	流域 8	2	1.512

案例号	流域名称	聚类	距离
9	流域 9	4	2.025
10	流域 10	2	1.636
11	流域 11	2	1.164
12	流域 12	2	0.867
13	流域 13	2	1.017
14	流域 14	4	1.268
15	流域 15	4	1.121
16	流域 16	4	1.349
17	流域 17	2	1.659
18	流域 18	2	1.142
19	流域 19	4	1.132
20	流域 20	1	1.289
21	流域 21	2	1.354
22	流域 22	1	1.668
23	流域 23	1	1.639
24	流域 24	3	1.206
25	流域 25	3	0.375
26	流域 26	3	1.315
27	流域 27	3	2.019
28	流域 28	3	1.150
29	流域 29	3	1.548
30	流域 30	3	2.341
31	流域 31	3	0.746
32	流域 32	3	1.808

2.2.4　宁夏水文区划划分结果

结合多种聚类方法的区划结果、各子流域的水文地理要素以及实际的研究目标，最终确定将宁夏回族自治区 493 个子流域合并为 4 个一级区划、11 个二级区划和 32 个三级区划。其中，一级区划以九种聚类方法中出现次数最多的分区结果作为划分标准，同时综合不同的聚类结果进行适当调整以确保区划结果的合理性，并分别以Ⅰ区、Ⅱ区、Ⅲ区和Ⅳ区命名，主要反映流域气候的干湿程度；二级区划是在一级区划的基础上以层次聚类中类间距等于 5 的界限作为划分标准，主要用于反映流域的地形地貌特征、土壤类型及植被分布等自然地理要素；三级区划即为自然子流域的划分结果。宁夏水文区划分布见表 2.14。

表 2.14   宁 夏 水 文 区 划 分 布

一级水文区划	二级水文区划	流 域 分 组
I 区	I$_1$ 区	流域 1、流域 3、流域 6、流域 16、流域 20
	I$_2$ 区	流域 2、流域 4、流域 5
	I$_3$ 区	流域 9、流域 15
	I$_4$ 区	流域 14、流域 19
II 区	II$_1$ 区	流域 7、流域 13
	II$_2$ 区	流域 8、流域 11、流域 12、流域 21
	II$_3$ 区	流域 10、流域 17、流域 18
III 区	—	流域 22、流域 23
IV 区	IV$_1$ 区	流域 24、流域 25、流域 28、流域 31
	IV$_2$ 区	流域 26、流域 27、流域 32
	IV$_3$ 区	流域 29、流域 30

将宁夏水文区划结果载入到 ArcGIS 软件中，最终得到宁夏水文区划分布图（图 2.25 和图 2.26），同时根据水文区划结果分别计算各一级、二级区划

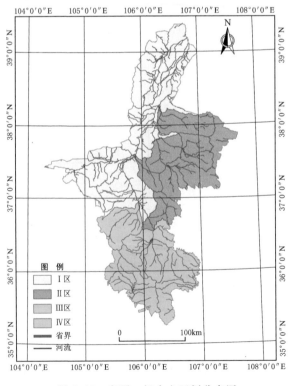

图 2.25 宁夏一级水文区划分布图

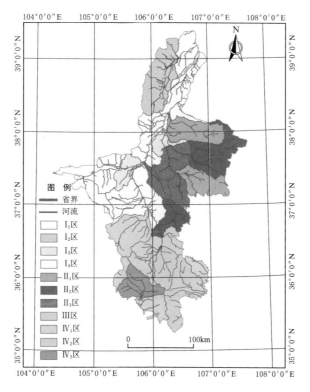

图 2.26 宁夏二级水文区划分布图

的流域特征因子平均值，计算结果见表 2.15。由水文区划分布图和流域特征因子的计算结果可以看出本次的宁夏水文区划较为符合宁夏实际的流域分布情况，保证了流域的连续性和水系的完整性，能够为资料匮乏或无资料地区的水文区划提供必要的参考。

表 2.15　　　　　　　　　　　　　流域特征因子平均值

水文区划	流域面积/km²	流域平均坡度/(°)	流域最大高程差/m	土壤砂粒含量/%	土壤粉粒含量/%	土壤黏粒含量/%	沙化率/%	耕地率/%	灌丛地率/%	流域多年平均降水量/mm	干旱指数
Ⅰ区	1784.52	4.889	1192	49.05	32.96	17.99	35.16	16.73	68.24	232.8	6.15
Ⅰ₁区	2268.77	3.225	893	45.74	35.64	18.62	25.88	15.96	77.64	238.5	6.12
Ⅰ₂区	1344.62	8.532	2008	55.09	28.14	16.78	37.91	23.33	72.18	218.2	6.41
Ⅰ₃区	1007.50	2.734	817	49.45	33.21	17.34	32.19	24.65	68.17	226.6	6.30
Ⅰ₄区	2010.80	5.739	1089	47.86	33.25	18.88	57.17	0.86	38.89	246.8	5.71
Ⅱ区	1639.29	3.355	848	64.76	21.76	13.48	26.41	2.52	97.19	294.6	4.72
Ⅱ₁区	2508.17	3.216	617	63.04	23.11	13.85	30.17	3.66	95.85	282.9	4.85
Ⅱ₂区	1356.46	3.540	574	66.55	20.52	12.93	16.06	2.26	97.69	314.7	4.31

水文区划	流域面积/km²	流域平均坡度/(°)	流域最大高程差/m	土壤砂粒含量/%	土壤粉粒含量/%	土壤黏粒含量/%	沙化率/%	耕地率/%	灌丛地率/%	流域多年平均降水量/mm	干旱指数
Ⅱ₃区	1437.13	3.200	1368	63.53	22.51	13.96	37.72	2.09	97.43	275.7	5.18
Ⅲ区	2384.51	9.022	1478	46.46	34.70	18.84	12.71	17.68	81.95	395.7	3.26
Ⅳ区	1204.62	10.942	1104	37.96	41.44	20.59	0.45	50.04	45.26	498.0	2.21
Ⅳ₁区	920.09	11.376	964	38.32	41.00	20.35	0.84	48.47	48.92	486.2	2.31
Ⅳ₂区	1709.94	10.871	1501	38.22	41.06	20.72	0.22	27.18	62.18	533.4	2.11
Ⅳ₃区	1015.70	10.179	791	36.20	42.92	20.88	0.01	87.45	12.55	468.6	2.15
平均值	1618.08	6.418	1089	50.19	32.31	17.51	21.53	22.16	70.78	335.0	4.46

本节首先通过处理宁夏 DEM 原始图像生成宁夏无洼地的地表流向数据，再结合水文相似性原理采用自然子流域法将宁夏初步划分为 493 个子流域。充分考虑流域特征因子对产汇流影响的程度、计算的便捷性以及充足的代表性等因素，选择流域面积、流域平均坡度、流域最大高程差、土壤砂粒含量、土壤粉粒含量、土壤黏粒含量、沙化率、耕地率、灌丛地率、流域多年平均降水量和干旱指数等 11 项流域特征因子作为水文区划的相似性指标。在基于宁夏自然子流域区划和所确定的流域特征因子的基础上，以自然子流域为单元，分别采用层次聚类法、快速聚类法和基于主成分分析的快速聚类法对宁夏展开水文区划研究，通过比较分析不同的聚类结果最终将宁夏 493 个子流域合并为 4 个一级区划、11 个二级区划和 32 个三级区划。

2.3　基于主导性产流的宁夏水文区划研究

由于干旱、半干旱地区的流域产流特征具有复杂性和变化性，因此当前本书并没有足够的能力做到全面模拟，只能从基本产流特性入手，也就是从主导性水文过程入手。本节在宁夏水文区划的基础上，结合蓄满-超渗主导性产流机制，分别采用地形指数分布曲线和地形曲线数法综合确定宁夏三级区划类型的产流机制，以确保水文区划研究的完整性。

2.3.1　地形指数分布曲线

2.3.1.1　土壤地形指数计算

土壤地形指数不仅能反映地形条件，而且还考虑了土壤下渗和土壤厚度等重要因素，能够更加真实地反映地表径流的形成过程。地形指数的计算方法可分为单流向和多流向两种，两者的计算结果大致相同，其中单流向法认为水流是从栅格最陡的方向流出，简单易行，易于计算。因此在基于宁夏水文区划结果和宁夏 DEM 图像的基础上计算土壤地形指数，具体计算步骤如下：

（1）地表坡度的正切值计算。在 ArcGIS 的 Calculator 工具中键入公式 Tan（" slope" ＊1.570796）/ 90，将地表坡度值转化为正切值，输出结果 tanslope。地表坡度正切值分布如图 2.27 所示。

（2）零值数据的转换。由于正切值不可能为 0，因此需要将地表坡度正切值中的零数据转换为一个接近于 0 的值，以避免后续计算出现错误。在 Calculator 工具中键入公式 Con("tanslope" ＝＝0,0.001,"tanslope")，输出结果 tanslopeno0。去零值后的地表坡度正切值分布如图 2.28 所示。

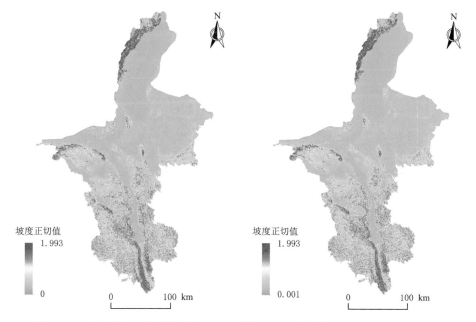

图 2.27　地表坡度正切值分布图　　　　图 2.28　去零值后的地表坡度正切值分布图

（3）地形指数的计算。在 Calculator 工具中键入公式 Ln(（("acc" ＋ 1)＊ 30）/"tanslopeno0")（其中 acc 表示地表汇流累积量），输出地形指数。地形指数分布如图 2.29 所示。

由图 2.29 可以看出宁夏的地形指数分布区间为 2.78～25.48，平均地形指数为 7.79，其中高值区主要分布在银川平原、黄河和清水河沿岸以及盐池内流区的部分盆地，宁夏中部和南部大部分地区次之，而贺兰山地形指数最低。表 2.16 是在地形指数分布图的基础上依次提取宁夏一级、二级和三级水文区划下流域的地形指数得来的，以便为后续地形指数分布曲线的生成提供数据基础。从宁夏一级、二级流域平均地形指数的计算结果可以看出，宁夏

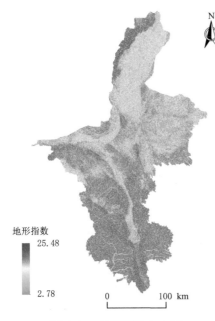

地形指数
25.48

2.78

0 　　　　100 km

图 2.29　地形指数分布图

北部的平均地形指数总体上要高于南部地区，且Ⅰ区和Ⅱ区的平均地形指数明显大于Ⅲ区和Ⅳ区，其大小关系为Ⅰ区＞Ⅱ区＞Ⅲ区＞Ⅳ区。

2.3.1.2　土壤地形指数分布曲线

土壤地形指数分布曲线相似的流域可以认为具有同样的产流过程，根据地形指数的栅格数据依次计算三级流域地形指数的唯一字段值，并通过ArcGIS 软件中的频数工具分别统计每个流域唯一属性值出现的总次数，然后将统计结果导入到 Excel 办公软件中绘制地形指数分布曲线图，以确定流域主导性产流机制的分界线。流域1～流域 32 的地形指数分布曲线分别如图 2.30～图 2.33 所示。

表 2.16　　　　　　　　　流域地形指数

水文区划	流域面积/km²	流域坡度/(°)	平均地形指数
Ⅰ区	1784.52	4.889	8.37
Ⅰ₁区	2268.77	3.225	8.61
Ⅰ₂区	1344.62	8.532	8.24
Ⅰ₃区	1007.50	2.734	8.54
Ⅰ₄区	2010.80	5.739	7.75
Ⅱ区	1639.29	3.355	8.16
Ⅱ₁区	2508.17	3.216	8.29
Ⅱ₂区	1356.46	3.540	8.05
Ⅱ₃区	1437.13	3.200	8.14
Ⅲ区	2384.51	9.022	6.84
Ⅳ区	1204.62	10.942	6.61
Ⅳ₁区	920.09	11.376	6.47
Ⅳ₂区	1709.94	10.871	6.71
Ⅳ₃区	1015.70	10.179	6.62
平均值	1618.08	6.418	7.79

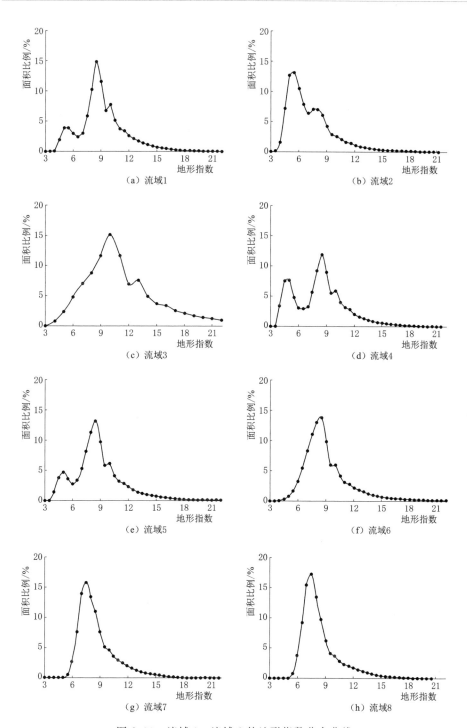

图 2.30 流域 1～流域 8 的地形指数分布曲线

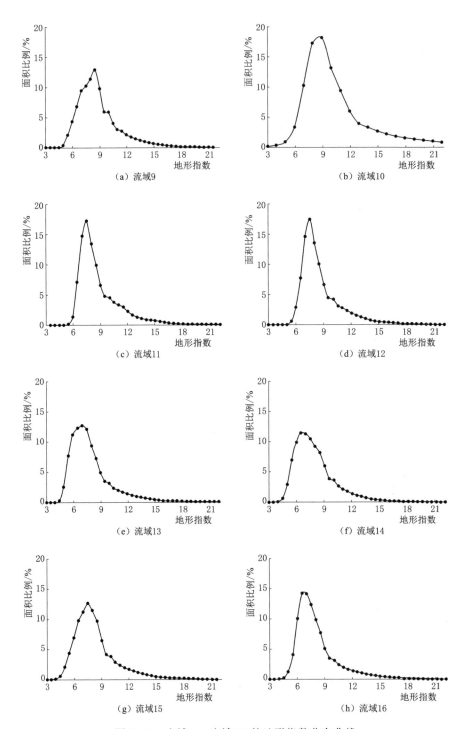

图 2.31　流域 9～流域 16 的地形指数分布曲线

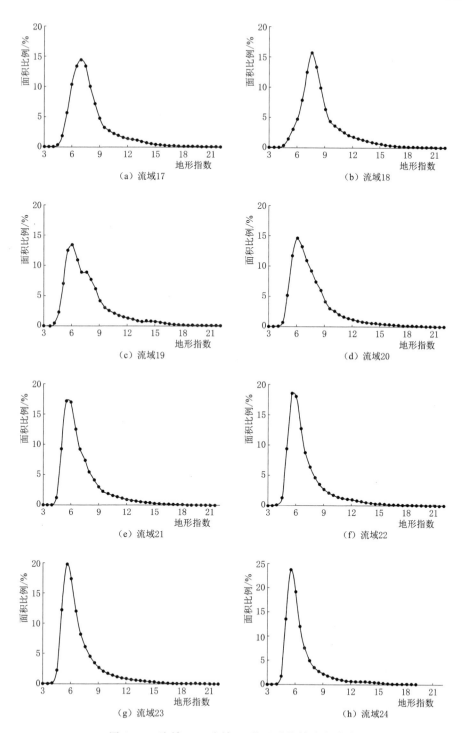

图 2.32　流域 17～流域 24 的地形指数分布曲线

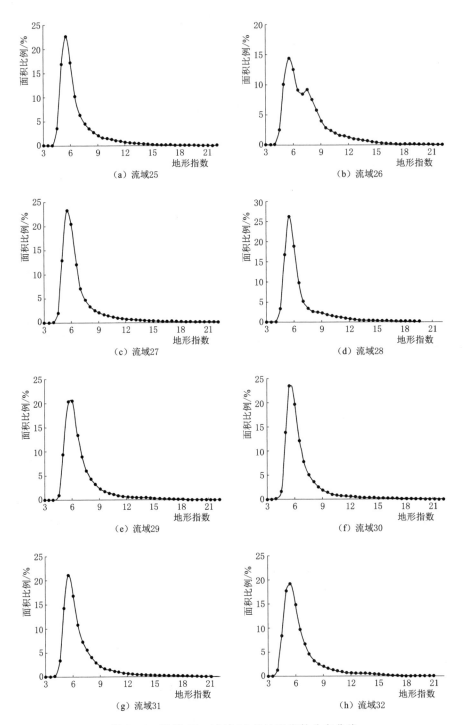

图 2.33 流域 25～流域 32 的地形指数分布曲线

从图2.30～图2.33可以看出，宁夏各三级流域地形指数分布曲线不尽相同，地形曲线频次的峰值与峰值所在的地形指数均有一定的差异。以下文开展降雨-径流过程模拟的流域4和流域32的地形指数分布曲线为例，由图2.30和图2.33可知这两个流域的地形指数分布曲线差别较大，流域4的分布曲线为双峰右倾曲线，而流域32为单峰左倾曲线，表明这两个流域的主导性产流机制具有明显的差异。

综合32个三级区划的地形指数分布曲线和流域地形指数可以得出，流域19、流域20与流域21、流域22之间存在较大的分界差异，其曲线的峰值以及峰值所在的地形指数具有明显的跳跃。其中，位于该分界线南部流域的地形指数分布曲线与流域21和流域22十分相似，而位于分界线北部的多数流域的地形指数分布曲线与流域19和流域20很相似，仅部分流域存在双峰曲线或趋势不同的单峰曲线，这可能是因为这些流域内存在山地、平原或丘陵等多种地形特征，地形指数的频次分布没有明显的规律特征。综上所述，初步确定将流域19、流域20与流域21、流域22之间的交界作为宁夏主导性产流区划的分界线，初步划分结果如图2.34所示。

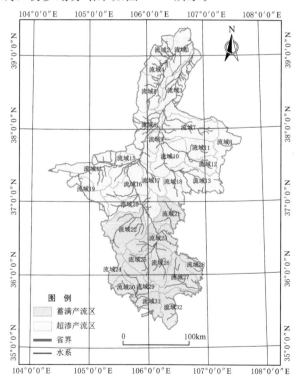

图2.34 流域产流机制划分结果

2.3.2 地形曲线数

地形曲线数主要反映一般湿度下流域下垫面的下渗能力，CN 值为 0 时表示降雨完全下渗到土壤中，不发生产流；而 CN 值为 100 时则表示降雨完全产流，不会出现下渗，但这两种情况均不可能发生。一般情况下，CN 值大表示下垫面下渗能力弱，容易发生超渗产流；CN 值小表示下垫面下渗能力强，难以发生超渗产流。

在计算 CN 值前，首先结合宁夏土地利用类型及土壤质地数据确定宁夏土壤分组类型，经统计分析宁夏 A 类土壤占比为 50.2%，B 类土壤占比为 32.1%，C 类土壤占比为 17.5%，D 类土壤基本不存在。根据土壤分组结果依次计算研究区各三级区划的 CN 值，计算结果见表 2.17。从表 2.17 来看，宁夏 CN 值的分布基本呈现北高南低的趋势，表明宁夏中北部流域的土壤下渗能力较弱，容易出现超渗产流；南部流域的土壤下渗能力较强，难以发生超渗产流。结合研究区 CN 值的变化趋势可以发现流域 16、流域 17 和流域 18、流域 19 之间出现了明显的递减，表明这四个流域的边界很可能是宁夏主导性产流区划的分界线。

表 2.17　　　　　　　　　流域 CN 值计算结果

流域名称	流域面积/km²	平均地形指数	CN 值
流域 1	1728.29	8.85	77.46
流域 2	1009.47	6.97	74.23
流域 3	2538.91	9.02	78.43
流域 4	1174.92	8.06	78.81
流域 5	1849.48	8.48	71.51
流域 6	2591.33	8.73	71.55
流域 7	2737.38	8.47	71.45
流域 8	1494.39	8.24	73.93
流域 9	815.65	8.67	74.24
流域 10	2104.04	8.14	74.79
流域 11	1214.84	8.55	72.88
流域 12	968.26	8.38	55.36
流域 13	2278.96	7.67	63.14
流域 14	2717.32	7.81	68.25
流域 15	1199.35	8.11	63.35
流域 16	2157.74	7.83	59.80
流域 17	1066.53	7.71	69.16
流域 18	1140.83	8.24	72.51

流域名称	流域面积/km²	平均地形指数	CN 值
流域 19	1304.28	7.28	71.08
流域 20	2327.56	7.33	62.75
流域 21	1748.34	6.87	64.28
流域 22	2939.72	6.82	61.28
流域 23	1829.29	6.65	66.30
流域 24	581.81	6.41	71.17
流域 25	1175.27	6.39	56.99
流域 26	1685.41	7.18	63.70
流域 27	1994.67	6.47	70.59
流域 28	732.78	6.27	68.70
流域 29	1299.57	6.67	62.96
流域 30	731.83	6.40	63.15
流域 31	1190.50	6.51	62.61
流域 32	1449.74	6.26	65.78
平均值	1618.08	7.79	68.19

2.3.3 宁夏产流机制的综合确定

综合地形指数分布曲线和地形曲线数的分析结果可以得出，宁夏北部的流域主导性产流机制以超渗产流为主，南部则以蓄满产流为主，而两种方法确定的超渗产流区与蓄满产流区的分界线存在略微的不同，主要体现在流域20的产流机制不确定。通过分析流域20实际的地形地貌特征、流域下垫面特征及河流走向，同时结合流域特征因子指标及聚类分析结果，最终确定将流域20划分至超渗产流区，即宁夏的主导性产流机制以图2.34的结果为准。在流域产流机制的基础上依次统计超渗产流区与蓄满产流区的流域特征因子、地形指数及 CN 值，统计结果见表2.18。

由表2.18可知，超渗产流区面积约占全区总面积的62.0%，主要分布在宁夏北部及中部大部分地区，而蓄满产流区则主要分布于清水河上游地区以及宁南山区。总体上宁夏北部和中部地区的坡度、土壤植被覆盖率、降水量、流域平均坡度及最大高程差等指标均低于宁夏南部，其中北部土壤主要为具有良好透水性的砂土或砾石土，当雨强较大时，更易发生超渗产流。

结合宁夏的水文区划结果、流域特征因子值、流域产流机制的分布特征以及研究区的自然地理特征，确定各类型区划的水文地理特性在宁夏的空间分布规律。

表 2.18　　　　　　　　　　　　超渗-蓄满产流区特征因子

水文区划	超渗产流区	蓄满产流区	水文区划	超渗产流区	蓄满产流区
流域面积/km²	32091.98	19686.51	耕地率/%	11.24	38.12
流域平均坡度/(°)	3.942	10.037	灌丛地率/%	79.29	58.33
流域最大高程差/m	1070	1116	流域多年平均降水量/mm	253.0	454.7
土壤砂粒含量/%	55.52	42.40	干旱指数	5.64	2.73
土壤粉粒含量/%	28.41	38.00	地形指数	8.35	6.71
土壤黏粒含量/%	16.07	19.61	CN 值	64.90	74.48
沙化率/%	33.52	4.01			

2.3.3.1　极干旱区

极干旱区（Ⅰ区）主要分布在宁夏北部的引黄灌区以及中西部地区，多年平均降水量 232.8mm，多年平均水面蒸发量 1417.3mm，其中局部地区的干旱指数大于 7.0，蒸发能力较强。从土壤质地来看，极干旱区土壤多为砂粒和粉粒，产流能力低；地貌则以山地、高海拔丘陵、台地和平原为主，并且常受到强烈的干旱剥蚀及风蚀作用影响。结合层次聚类分析树状图的区划结果将Ⅰ区划分为Ⅰ₁（引黄灌区、清水河下游极干旱区）、Ⅰ₂（贺兰山东麓极干旱区）、Ⅰ₃（引黄灌区中段极干旱区）和Ⅰ₄（沙坡头沙漠极干旱区）4 个亚区。

（1）Ⅰ₁ 区主要分布在卫宁灌区及清水河下游地区，区内多年平均降水量 238.5mm，多年平均水面蒸发量 1433.4mm，干旱指数为 5.0～7.3。由于该区地处银川平原及清水河入黄口，地势平坦、沟渠密布、水源充足，因此Ⅰ₁ 区的流域平均坡度和最大高程差值较低，并且植被覆盖率显著高于其他 3 个亚区。

（2）Ⅰ₂ 区地处贺兰山东麓的荒漠草原，多年平均降水量 218.2mm，为全区最低。受贺兰山地形影响，该区年温差较大以及地表风蚀作用强烈。Ⅰ₂ 区的流域平均坡度和最大高程差较高，土壤砂粒和粉粒含量也较高；地形多为石质山地，岩石裸露；植被类型多为草原和荒漠草原，农牧业发达，土壤沙化较为严重。

（3）Ⅰ₃ 区分布在利通区以及卫宁灌区中卫段的黄河冲积平原，地势平坦。与Ⅰ₁ 区相比区内多年平均降水量相近，但气候更加干旱。另外Ⅰ₃ 区缺少地表径流，农业灌溉主要依靠沟渠灌溉。

（4）Ⅰ₄ 区主要分布在沙坡头地区，地势西北高、东南低，区内沙丘纵横，高低起伏，植被较差，具有典型的风沙地貌特征。受基底构造的影响，

Ⅰ₄区形成较多的内陆湖泊及湿地，因此流域蒸发量略低于其他亚区。

2.3.3.2 干旱区

干旱区（Ⅱ区）主要分布在宁夏东部地区，包括苦水河、大河子沟、清水河支流折死沟、盐池内流区以及环江源口。Ⅱ区多年平均降水量为294.6mm，多年平均蒸发量1377.3mm，干旱指数介于4.0～5.5。Ⅱ区的地貌类型多为丘陵和鄂尔多斯台地，流域平均坡度及高程差较低。此外Ⅱ区的工业区较多，耕地面积极少，并且土壤砂粒和粉粒含量的平均占比高达86%，与极干旱区相比砂粒含量更多而粉粒含量较低，土壤透水性较好。Ⅱ区包含Ⅱ₁（大河子沟、环江源口干旱区）、Ⅱ₂（折死沟、盐池内流干旱区）以及Ⅱ₃（苦水河、红柳沟干旱区）3个亚区。

（1）Ⅱ₁区主要分布在大河子沟流域以及环江源头，流域多年平均降水量282.9mm，多年平均蒸发量1363.9mm，干旱指数为4.9。该区地貌以丘陵为主，坡度较缓，耕地面积相对高于其他亚区。

（2）Ⅱ₂区分布在清水河中段的折死沟流域以及盐城内流区，地貌类型属鄂尔多斯台地，具有日照时间长、温差较大等特点。Ⅱ₂区的植被类型多为草地，土壤的涵养水源及调洪能力较强。与其他亚区相比，Ⅱ₂区内降水量更加充沛且蒸发量更低，气候湿润。

（3）Ⅱ₃区包含黄河支流红柳沟以及苦水河的中上游地区，受干旱剥蚀作用影响区内山地丘陵错落，地势高低起伏，但坡度较缓。与Ⅱ区其他亚区相比气候更加干旱，平均干旱指数为5.2。

2.3.3.3 半干旱区

半干旱区（Ⅲ区）主要分布在宁夏中部的清水河流域，流域多年平均降水量395.7mm，多年平均水面蒸发量1284.8mm，干旱指数为3.3。Ⅲ区内地貌以山地、丘陵为主，受流水侵蚀作用影响水土流失严重且水质较差。此外，Ⅲ区的土壤粉粒含量显著高于Ⅰ区和Ⅱ区，为蓄满产流区和超渗产流区的过渡地带。

2.3.3.4 半湿润区

半湿润区（Ⅳ区）主要分布在宁夏南部山区，包括清水河上游的部分支流、祖厉河、葫芦河、滥泥河、甘渭河以及泾河上游源口。Ⅳ区气候更加湿润，雨水充沛，多年平均降水量为498.0mm，多年平均水面蒸发量1087.3mm，干旱指数介于1.8～2.5，具有湿润区的部分水文特性。土壤质地多为砂质黏土和粉质黏壤土，膨胀力大，彻底渗透时入渗率低，具有较高的产流能力。此外Ⅳ区地貌多为山地，林地面积相对较大，植被类型丰富，物种多样，并且土壤沙化率极低，耕地面积广。Ⅳ区包含Ⅳ₁（六盘山西麓半湿润区）、Ⅳ₂（六盘山东麓半湿润区）以及Ⅳ₃（葫芦河源口湿润区）3 个亚区。

（1）IV₁ 区主要分布在六盘山西侧的清水河支流渠河、祖厉河、葫芦河支流甘渭河以及泾河的上游支流蒲河地区。区内多年平均降水量 486.2mm，多年平均水面蒸发量 1104.8mm，干旱指数为 2.3。区内山地起伏程度较低但坡度更陡，植被覆盖率较高。

（2）IV₂ 区分布在清水河源口以及泾河的上游支流策底河、洪河和茹河，地貌类型为黄土丘陵及土石质山区。由于 IV₂ 区的土石区与草木区交错分布，因此该区水土流失并不明显。此外，IV₂ 区的植被覆盖率略低于半湿润区平均值，但多年平均降水量为全区最高，气候类型与湿润区最为接近。

（3）IV₃ 区包含葫芦河和滥泥河流域，与其他亚区相比该区土壤更加肥沃，耕地覆盖率最高，并且灌木及草地覆盖率最低。另外，IV₃ 区的多年平均水面蒸发量为 1004.6mm，在所有分区中最低。

结合宁夏各区划类型特性的空间分布规律，确定宁夏水文区划的特征描述表，见表 2.19。

表 2.19   宁夏水文区划的特征描述

区划	区划水文特征	亚 区	亚区水文特征
I 区 （极干旱区）	分布在宁夏北部的引黄灌区及宁夏中西部地区，多年平均降水量 232.8mm，多年平均蒸发量 1417.3mm，局部地区的干旱指数大于 7.0，蒸发能力较强	I₁（引黄灌区、清水河下游极干旱区）	多年平均降水量 238.5mm，多年平均蒸发量 1433.4mm，干旱指数为 5.0～7.3
		I₂（贺兰山东麓极干旱区）	多年平均降水量 218.2mm，在所有分区中最低
		I₃（引黄灌区中段极干旱区）	气候更加干旱，降水稀少，区内径流贫乏，主要依靠沟渠灌溉
		I₄（沙坡头沙漠极干旱区）	受基底构造的影响该区有较多的内陆湖泊及湿地，蒸发量低
II 区 （干旱区）	分布在宁夏东部地区，多年平均降水量 294.6mm，多年平均蒸发量 1377.3mm，干旱指数介于 4.0～5.5	II₁（大河子沟、环江源口干旱区）	多年平均降水量 282.9mm，多年平均蒸发量 1363.9mm，干旱指数为 4.9
		II₂（折死沟、盐池内流干旱区）	降水量更加充沛且蒸发量更低，气候较为湿润
		II₃（苦水河、红柳沟干旱区）	气候干旱，平均干旱指数为 5.2

区划	区划水文特征	亚　区	亚区水文特征
Ⅲ区 （半干旱区）	分布在宁夏中部清水河流域，多年平均降水量395.7mm，多年平均蒸发量1284.8mm，干旱指数为3.3		
Ⅳ区 （半湿润区）	分布在宁夏南部山区，气候湿润，多年平均降水量498.0mm，多年平均蒸发量1087.3mm，具有湿润区的部分水文特性	Ⅳ₁（六盘山西麓半湿润区）	多年平均降水量486.2mm，多年平均蒸发量1104.8mm，干旱指数为2.3
		Ⅳ₂（六盘山东麓半湿润区）	植被覆盖率较低，年平均降水量为全区最高，气候类型与湿润区最为接近
		Ⅳ₃（葫芦河源口湿润区）	多年平均蒸发量为1004.6mm，在所有分区中最低

2.4　本章小结

　　本章在宁夏三级水文区划和主导性产流机制的基础上分别采用地形指数分布曲线法和地形曲线数法对宁夏三级区划类型的产流机制类型展开了研究，主要得出了以下结论：

　　（1）地形指数分布曲线法的结果显示，流域19、流域20与流域21、流域22的地形指数曲线具有明显的差异性，分界线南部流域的地形指数分布曲线与流域21和流域22十分相似，而分界线北部大多数流域的地形指数分布曲线与流域19和流域20很相似，初步确定将以上四个流域的交界作为宁夏主导性产流区划的分界线。

　　（2）地形曲线数的分析结果显示，流域16、流域17与流域18、流域19之间的 CN 值出现了明显的递减，从计算结果来看宁夏中北部流域的土壤下渗能力较弱，容易出现超渗产流；南部流域的土壤下渗能力较强，难以发生超渗产流。

　　（3）通过比较分析地形指数分布曲线和地形曲线数的分析结果最终得出流域19、流域20与流域21、流域22之间的分界线可以作为宁夏主导性产流的分界线，其中北部地区以超渗产流为主，而南部地区则以蓄满产流为主，这主要与研究区不同地区的气候和下垫面等因素有关。

第3章

三河源地区降雨径流时空变化特征分析

3.1 水循环要素时空变化特征分析

3.1.1 降水特征分析

选用三河源区域内 367 个雨量站 2000—2017 年的降水数据，经统计后进行空间插值处理，用以分析三河源地区的降水量在多年平均尺度上的空间分布规律。基于三种不同的多年平均降水量插值方法 [即克里金插值法（Kriging interpolation）、协同克里金插值法（co‐Kriging interpolation）、反距离权重法（inverse distance weighted，IDW）]，将降水量插值后得到相同大小的栅格数据。经过比较，克里金插值法能较好地反映研究区域多年平均降水量的空间分布情况，反距离权重法插值的结果存在较明显的高值点。综合考虑插值结果的连续性和精确性，本书选择采用克里金插值法计算的结果。

三河源地区年平均降水量呈现出自东南向西北逐渐减小的趋势，清水河流域下游区域年均降水量最小，小于 300mm；甘肃西峰地区和宁夏六盘山附近年均降水量最大，为 600~700mm。其中，300mm 降水量等值线大致沿六盘山余脉南华山北部—宁夏罗山西北部分布，400mm 降水量等值线基本沿宁夏西吉县月亮山南部—甘肃华池地区分布。在 300~400mm 降水量等值线之间以黄土丘陵为主，沟壑纵横，丘陵起伏。500mm 降水量等值线主要沿葫芦河下游河谷盆地—甘肃元城川一带分布，500mm 降水量等值线穿过海拔最高的六盘山脉地区，至东北延伸至北洛河河源地区。而 600mm 降水量等值线主要分布在三个区域：甘肃正宁子午岭北部、宁夏泾源六盘山南部、甘肃华亭东部。总体而言，三河源地区主要为宁夏南部山区，居我国西北内陆区域，多年平均尺度上，降水量在空间上呈现出自东南向西北逐渐减小的趋势较为明显。在西北部清水河流域，年降水量小于 400mm，最为干旱；西南部葫芦河流域年降水量为 400~600mm，下游河谷平原地区雨量稍充沛；东南部泾河流域年降水量较大，雨量较为充沛，年降水量可达到 600mm 以上。

　　三河源地区年内降水多集中在 7—9 月，占全年降水量的 70% 左右。受季风的影响，区域内降水年内季节分配不均，冬季降水占比较低，形成了夏季多雨、春秋季干旱少雨的降水特点，区域内年降水相对变率在 10%~15% 之间。近 10 年年降水趋势分析结果显示，宁夏南部、清水河中游以及葫芦河上游地区年降水量增加的趋势较为显著，泾河下游大部分区域年降水量具有减少的趋势。以宁夏海原、固原为代表的宁夏南部山区降水量年际变化趋势值最大，从短期上而言年降水量具有显著增加的趋势。以长武为代表的泾河下游平原年降水量稍大，为 500~800mm，部分年份可达 900mm 以上，但其降水量年际变化呈现出负增长的趋势。2014 年是研究区域降水较为丰沛的年份，其中泾河流域年降水量最大，约为 560mm，葫芦河、清水河次之，分别为 520mm、450mm 左右；南部山区六盘山东南降水量在 600mm 以上，但北部黄河右岸区域不足 200mm，较为干旱，南北分布差异大。2009 年则是研究区域年降水较少的年份，区域年降水较多年平均值偏少 20% 左右，较为干旱。

　　在降水时间分布规律上，不同年份、不同地区的水文变量在空间分布上不同，年际变化趋势也不相同。为描述降水和实际蒸散发的年际变化规律，反映序列整体的上升或下降趋势，分别使用均值法和线性趋势估计法度量研究区域 3 个子流域每个栅格单元自 2000 年以来的水循环要素空间差异与变化趋势：

$$\overline{V}_{ij} = \sum_{t=p}^{q} V_{ij}^{t} / (p - q + 1) \tag{3.1}$$

$$K = \frac{\sum\limits_{t=p}^{q} t V_{ij}^{t} - \dfrac{1}{q-p+1} \sum\limits_{t=p}^{q} t \sum\limits_{t=p}^{q} V_{ij}^{t}}{\sum\limits_{t=p}^{q} t^{2} - \dfrac{1}{q-p+1} \left(\sum\limits_{t=p}^{q} t\right)^{2}} \tag{3.2}$$

式中：t 为年份（取值为 $p-q$）；V_{ij}^{t} 为栅格数据中 t 年对应的第 i 行、第 j 列的像元存取变量值；K 为趋势线斜率，也称趋势值，即把降水或蒸散发等变量看作是时间的一元线性回归，逐像元计算所得时序内的变量值线性拟合的系数。

　　$K > 0$，表明对应变量随时间的推移，呈现出增加的趋势；$K < 0$，表示变量随时间增长呈现出减小趋势，其绝对值越大，表示该像元内变量值随时间增加或减少得越快。如果回归方程的相关系数通过 0.05、0.01 的显著性水平检验（$P < 0.05$、$P < 0.01$），则可判断在相应显著性水平下水文变量年际

变化存在显著的趋势。

基于三种不同的空间插值方法，将站点降水量插值后得到空间分辨率相同的多年平均降水量栅格数据（图3.1）。由结果可知，多年平均降水量与高程具有相关性，随着高程的增加，降水量有增加的趋势［图3.1（a）］。考虑到宁夏三河源地区地形起伏变化较大，高程差可达2500m，其对降水的影响不可忽略；同时，反距离权重法产生的较明显的高值异常点易影响后续分析计算［图3.1（c）］，综合考虑插值结果，本书选择引入高程信息作为第二类影响因素的协同克里金插值法［图3.1（b）］，将计算结果制作出多年平均降水量等值线图［图3.1（d）］，作为反映研究区域空间降水分布情况的依据。

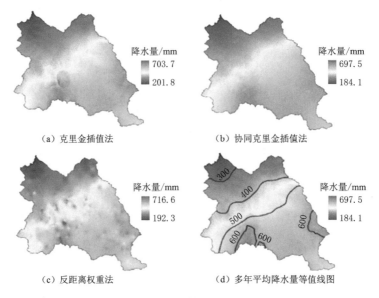

图3.1　不同空间插值方法计算的多年平均降水量结果对比

采用不同插值方法得到的研究区多年平均降水量的空间分布规律大致相同，呈现出明显的自东南向西北逐渐减小的空间分布特征。2000—2017年，西北部清水河下游区域多年平均降水量最小，为300mm以下；泾河流域西部和宁夏泾源六盘山附近年均降水量最大，为600～700mm。其中，300mm降水量等值线大致沿六盘山余脉南华山北部—宁夏罗山西北部分布，此地带位于研究区清水河下游地区，地形以黄土丘陵为主，气候较为干旱。多年平均降水量大于600mm的区域多为海拔较高的山区，森林覆盖率可达50%以上。

由研究区各季节平均降水量分布情况（图3.2）得知，宁夏三河源地区降水主要集中在夏季；冬季降水较为稀少，总体偏于干旱。就年内降水量而言，各季节降水量排名为夏季＞秋季＞春季＞冬季；各季节降水空间分布特点是东南部偏多、西北部偏少。趋势值计算和显著性检验结果〔图 3.3（a）、（b）〕显示，2000—2017 年，宁夏三河源地区 18% 的区域在 0.05 的显著性水平下（$P<0.05$）呈现出降水量增加的趋势，主要分布在宁夏清水河中下游以及葫芦河上游；同时，该地区 36% 的区域在 0.05 的显著性水平下（$P<0.05$）呈现出降水量减少的趋势，主要位于泾河下游平原地区。高海拔山区多年平均降水量在 400～600mm 波动，而降水量年际增长的趋势最为明显；泾河下游平原地区多年平均降水量为研究区内最大，为 500～700mm，但其降水量年际变化呈现出显著减少的趋势。结果表明，平原地区降水量总体呈现显著减少的趋势，而在部分海拔较高的六盘山东北部等山区，降水量呈现出更为显著的增加趋势，这些结果与近些年山区植被覆盖率的提高可能存在一定相互印证的关系。

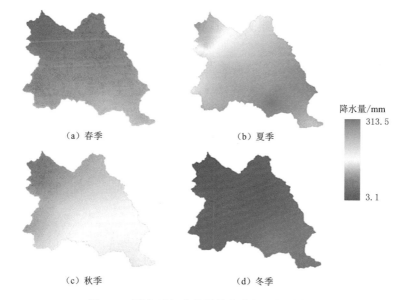

（a）春季　　　　　　　　（b）夏季

降水量/mm

313.5

3.1

（c）秋季　　　　　　　　（d）冬季

图 3.2　研究区各季节平均降水量空间分布图

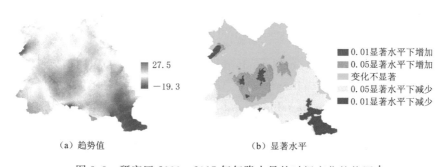

27.5

−19.3

- 0.01显著水平下增加
- 0.05显著水平下增加
- 变化不显著
- 0.05显著水平下减少
- 0.01显著水平下减少

（a）趋势值　　　　　　　　（b）显著水平

图 3.3　研究区 2000—2017 年年降水量的时间变化趋势图

3.1.2　气候变化下极端降水事件变化规律

三河源地区多为干旱半干旱区，地理环境复杂，生态环境恶劣，水资源先天不足，无效降水居多，可利用的水资源偏少，选取研究区内实测降水日数据进行分析，以期为探究宁夏三河源地区极端降水时空变化特征，同时为三河源地区应对未来气候变化、解决水资源短缺问题提供参考。

基于三河源地区 1971—2017 年的逐日气象数据计算研究区平均降水与气温，对降水、气温时间序列距平处理，并做 15 年滑动平均，得到长期变化趋势。年降水量在空间上由东南向西北递减，其中近一半面积的降水量低于500mm，最大值仅有 626.8mm，出现在六盘山站，以六盘山站为中心的六盘山山区一带降水较多，而整个区域内降水十分缺乏；年平均气温 4.58～13.39℃，自南向北减小。由时间变化曲线看出，气温呈波动上升，1971—1996 年，气温整体距平为负距平，期间气温先下降后上升，1996—2017 年气温整体距平为正距平，1996—2012 年期间气温先上升后下降，2012 年后气温则持续上升；年平均降水量在时间上呈现不显著的增长趋势，主要表现为年际震荡。47 年以来出现了两次丰枯交替，2010 年左右进入多雨期，气温上升，整个三河源气候呈现暖湿化。三河源地区气温、降水量变化如图 3.4 所示。

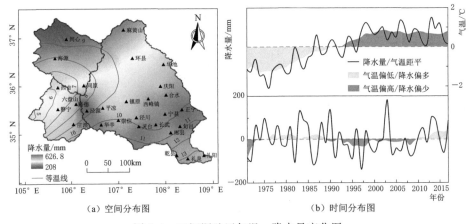

（a）空间分布图　　　　　　　　（b）时间分布图

图 3.4　三河源地区气温、降水量变化图

采用世界气象组织（world meteorological organization，WMO）、气候学委员会（commission for climatology，CCI）、世界气候研究计划气候变率及可预测性计划（climate uariability and predictability programme，CLIVAR）确定的气候变化监测指标，通过构建极端降水指数自相关矩阵选取 4 个具有代表性的极端降水指数分析研究区内极端事件发生情况。通过气候倾向率法、Mann-Kendall 趋势检验法、R/S 分析法，分析极端降水指数时间序列。三

河源地区极端降水指数变化趋势如图 3.5 所示。47 年来，宁夏三河源地区极端降水有明显增多的趋势，湿日降水量（PRCPTOT）增加，极端降水量（R95P）呈上升趋势，反映了极端降水增加的情况。极端降水量波动增长，20 世纪 70—90 年代中期先增长后减小，之后呈较快的增长趋势。年总雨日数（RD）呈显著的减小趋势，达到了 0.05（$P < 0.05$）显著性水平。强降水日数（R20）波动幅度较大，表现出"增加—减少—增加"的波动变化过程，总体呈上升趋势。极端降水量增多，弱降水日数减少，强降水日数增多，降水强度增大，降水趋于极端化。通过 R/S 分析法计算得出研究区内极端降水指数序列的 Hurst 值，除强降水日数外，湿日降水量、极端降水量、年总雨日序列的值均大于 0.5，表明研究区极端降水变化具有长期持续性，未来的变化情况与过去 47 年的变化趋势基本保持一致，总雨日未来很可能延续减少趋势，而强降水日、湿日降水量、极端降水量未来很可能延续增长趋势，其中总雨日数未来减少趋势的持续性较明显。

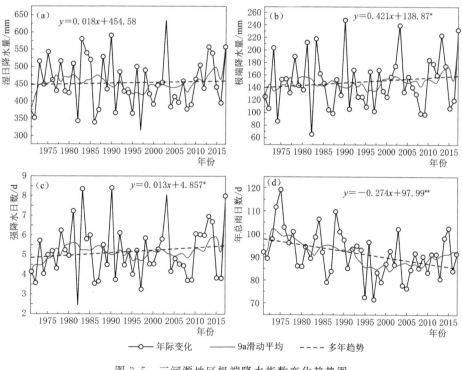

图 3.5　三河源地区极端降水指数变化趋势图

三河源地区极端降水指数空间分布如图 3.6 所示。极端降水指数在空间分布上具有明显的差异性，极端降水量和降水事件发生的频次均由南向北递减，六盘山地区、正宁地区多，同心地区少。在空间上，PRCPTOT 和 R95P

在大部分地区都呈增加趋势，在麻黄山、环县地区增加尤为显著，在六盘山地区表现出明显的减少趋势。RD 在大部分地区呈现减少趋势，R20 在麻黄山、海源地区表现出显著的增加趋势，其他地区则呈减少趋势。三河源大部分地区极端降水量增加，极端事件发生频次减少，极端降水强度则增加，表明未来区域内降水更趋于极端化。

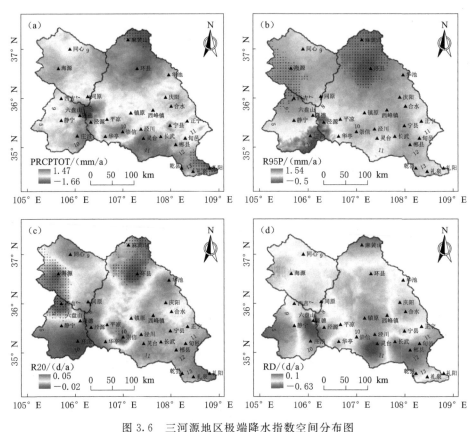

图 3.6　三河源地区极端降水指数空间分布图

3.1.3　蒸散发特征分析

　　MOD16 产品的算法是在 Penman - Monteith 公式的基础上改进的，考虑了土壤表面蒸发、冠层截流水分蒸发和植物蒸腾，能够较好地反映研究区实际的蒸散发情况。研究区多年平均蒸散发量呈现出自西北向东南逐渐递增的空间变化格局［图 3.7（a）］，与多年平均降水量的空间分布基本对应。南部和东南部多年平均蒸散发量显著大于北部和西北部地区，宁夏南部六盘山、南华山、月亮山的部分区域海拔较高，为相对高值区；泾河河源区如达溪河、九龙河附近年蒸散发量较大，也存在相对高值区。研究区域内各县级行政区

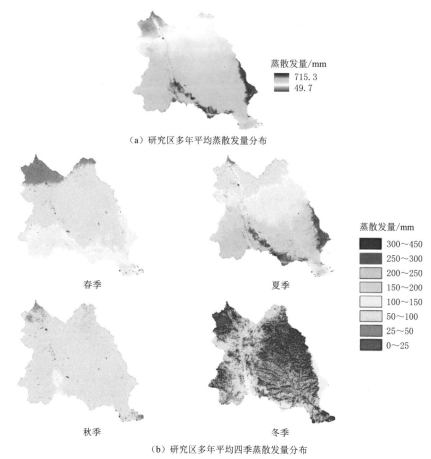

蒸散发量/mm
715.3
49.7

（a）研究区多年平均蒸散发量分布

蒸散发量/mm
300~450
250~300
200~250
150~200
100~150
50~100
25~50
0~25

春季　　　　　　　　　　夏季

秋季　　　　　　　　　　冬季

（b）研究区多年平均四季蒸散发量分布

图 3.7　研究区 2000—2017 年多年平均实际蒸散发量和
多年平均四季实际蒸散发量空间分布图

之间蒸散发量差异显著，其中宁夏泾源、隆德、固原等地陆面蒸散发量较大，多年平均蒸散发量达 595.3mm；灵台、正宁、华亭等地多年平均蒸散发量可达 646.5mm；而同心、中宁、环县等地多年平均蒸散发量最小，约为 150.0mm。由此可见，年降水量较稀少的地区，年蒸散发量也相对较小；在海拔较高的宁夏南部部分山区，年降水量相对丰沛，多年平均蒸散发量较大。同时，靠近河流的区域年蒸散发量明显大于内陆地区。与多年平均降水量的空间分布规律基本对应，降水量较小的地区，多年平均蒸散发量也相对较小。中宁附近多年平均蒸散发量最小，约为 150.0mm；降水相对丰沛的六盘山、南华山地区，多年平均蒸散发量分别达到 495.3mm 和 513.9mm。靠近河流的平原地区多年平均蒸散发总量明显大于内陆地区，且不同季节的蒸散发量相差较大，地表蒸散发量空间分布差异显著 ［图 3.7（b）］，总体上，年内蒸散发量的季节排名为夏季＞春季＞秋季＞冬季，和年内降水量分布略有差别，这与各类植物和经济作物的分布和生长特征有关。

　　研究区域 2000—2017 年蒸散发增长趋势值的空间分异性较为明显，六盘山区蒸散发年际变化趋势值最大，增长率为 9.7%，与降水量增加的趋势具有一致性。就陆面蒸散发量而言，一年中蒸散发量的季节排名为夏季＞春季＞秋季＞冬季。葫芦河流域及六盘山西部地区蒸散发量较大，泾河下游东部地区各季节蒸散发均大于其余地区，清水河流域北部各季节蒸散发均最小。研究区各季节平均蒸散发分布如图 3.7（b）所示。春季平均陆面蒸散发为 5～202mm，研究区域约 80% 面积的区域春季蒸散发量小于 100mm，泾河流域部分平原地区和宁夏南部的葫芦河流域大部分地区农业灌溉面积较大，因此在对应的灌溉区春夏季蒸散发量也较大。夏季平均陆面蒸散发量为 30～428mm，清水河宁夏段夏季蒸散发显著大于春季，其余地区蒸散发较春季而言略有增加。秋季平均陆面蒸散发量为 11～131mm，冬季则为 1～75mm，秋冬季蒸散发呈现出递减的趋势。宁夏三河源地区 79% 的区域在 0.05 的显著性水平下（$P<0.05$）呈现出蒸散发增加的趋势，其中研究区 19% 的区域通过了 0.01 的显著性水平检验（$P<0.01$），蒸散发呈现出更为显著的增加趋势，主要位于六盘山区和泾河上游，且蒸散发量较大。经过进一步分析，不同土地利用类型的实际蒸散发分布规律为：林地＞耕地＞草地。蒸散发量显著增加的地区多为河谷平原和丘陵，这些地区近年来耕地面积不断扩张，农业灌溉活动频繁。而蒸散发显著（$P<0.05$）减少的区域为北部清水河流域和东南部泾河下游地区，这些地区降水变化同样具有减少的趋势。其他地区近年来蒸散发量呈波动上升趋势。

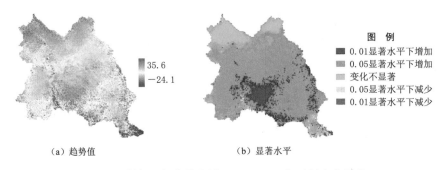

（a）趋势值　　　　　　　　　　（b）显著水平

图 3.8　研究区年蒸散发量 2000—2017 年时间变化趋势

3.1.4　流域地表径流分析

　　根据实测径流数据，选取三河源地区 3 个子流域出口水文站的径流，换算成年平均径流深进行统计，降水是宁夏三河源地区水资源最主要的来源，根据宁夏三河源地区各流域 2000—2017 年关键水文要素的统计结果（图 3.9），考虑流域水量平衡：

$$P-R=AET+\Delta s \tag{3.3}$$

式中：P 为年降水量，mm；R 为年径流深，mm；AET 为实际年蒸散量，mm；Δs 为水储量变化值，mm。

降水是宁夏三河源地区水资源最主要的来源，在年尺度上，水循环关键要素中降水同径流与实际蒸散发之和存在差异，导致一些年份出现储水量的盈余和亏缺。在偏丰水年，如 2007 年和 2011 年，降水较为丰沛，在三个子流域上降水大于蒸散发和径流之和，水分盈余，存在水储量增加的情况；而在偏枯水年，天然降水量显著偏少，年径流减少，且实际蒸散发量超过降水量，水分亏缺，此时存在地下水的补给。尤其是清水河流域，降水量少、蒸散发作用强，近 10 年间就有 5 年存在水分亏缺的现象，在区域发展中水资源可利用量减少的情况愈加明显，不利于农业和经济的发展。流域尺度上，泾河流域水资源量最为丰富，而清水河流域水资源量最少，可考虑合理利用引黄灌区，适当调配流域水资源。

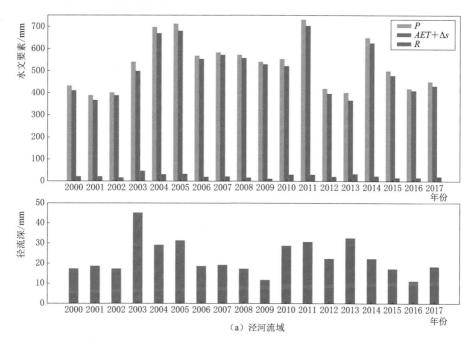

（a）泾河流域

图 3.9（一） 宁夏三河源各流域 2000—2017 年关键水文要素年均值图

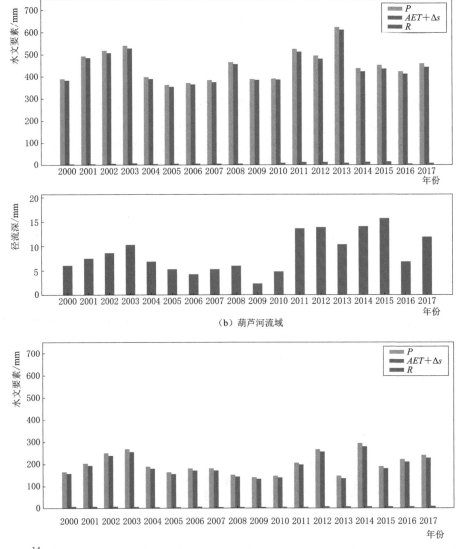

（b）葫芦河流域

（c）清水河流域

图 3.9（二）　宁夏三河源各流域 2000—2017 年关键水文要素年均值图

3.2 地表水资源利用潜力评价

3.2.1 流域地表水资源评价

河川径流量的分析计算是地表水资源量评价的基础，重点对宁夏三河源地区三个子流域的河川径流量进行统计分析和频率计算。通过了解评价区域代表站年径流的统计规律，推求多年平均年径流量和不同频率下的年径流量。同时，进行河川径流量年内分配与年际变化分析，可为区域地表水资源量的分析计算以及相关规划提供依据。选取三个流域的出口水文站年径流系列，对其进行排序和年径流频率分析计算，并进行适线（图 3.10）。根据适线结果，考虑丰水年、偏丰年、平水年、偏枯年、枯水年，由此分为 5 级计算出不同频率下的设计年径流量（图 3.11）。选取对应年型的频率分别为 5%、25%、50%、75%、95%。

不同分配形式的年径流量对水资源利用、工农业及城市生活用水的影响不同。根据径流分配特性，确定其月径流分配。确定典型年后，将设计年径流按照典型年的径流过程进行分配，缩放方法有同倍比和同频率缩放法。研

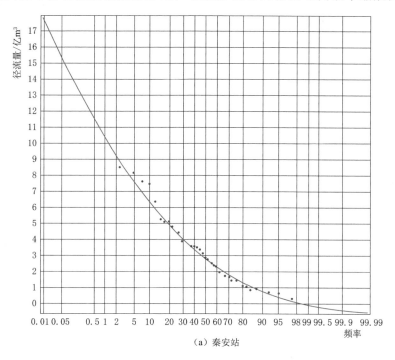

（a）秦安站

图 3.10（一） 秦安、桃园、泉眼山年径流频率曲线图

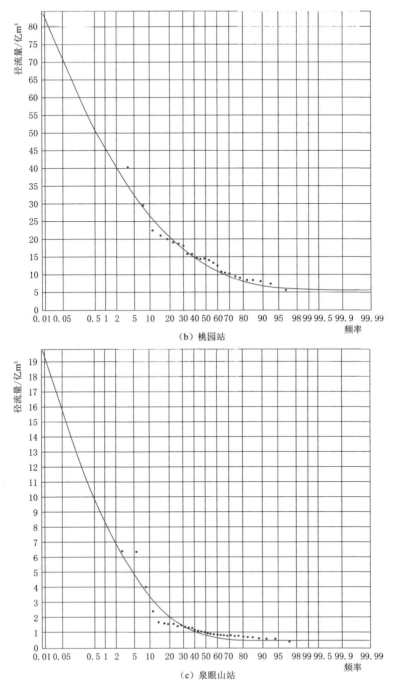

（b）桃园站

（c）泉眼山站

图 3.10（二）　秦安、桃园、泉眼山年径流频率曲线图

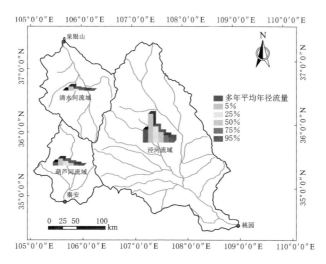

图 3.11　三个流域不同频率年径流量图

究采用同倍比缩放法，使求得的设计年径流分配过程线仍保持原典型年径流分配过程线的大致形状，缩放倍比 K 即设计年径流量与典型年的年径流量之比。不同频率年径流量计算成果见表 3.1。

表 3.1 　　　　　　　　　　　不同频率年径流量计算成果表

水文站	样本均值	C_v	C_s	C_s/C_v	P-Ⅲ曲线拟合度	不同频率下年径流量设计值/亿 m³				
						5%	25%	50%	75%	95%
秦安	3.22	0.71	1.19	1.68	0.982	7.58	4.42	2.78	1.54	0.37
桃园	14.51	0.6	1.86	3.1	0.956	31.8	18.1	11.99	8.24	5.82
泉眼山	1.35	1.25	3.27	2.62	0.892	4.71	1.6	0.66	0.37	0.31

经过推求计算得到在不同频率下 3 个代表站的月径流量设计值，将各月份径流量计算值用平滑的曲线连接起来，得出径流年内分配过程。秦安站、桃园站、泉眼山站年径流量年内分配过程如图 3.12～图 3.14 所示。

其中，秦安站为葫芦河流域出口代表站，桃园站为泾河流域出口代表站，泉眼山站为清水河流域出口代表站。从集水面积分析，桃园站最大，约为 45373km²；泉眼山站次之，约为 14480km²；秦安站最小，约为 9800km²。从多年平均年径流量分析，桃园站最大，为 14.51 亿 m³；秦安站次之，为 3.22 亿 m³；泉眼山站最小，为 1.35 亿 m³。折合成多年平均年径流深，泾河流域平均年径流深为 32.0mm；葫芦河流域为 32.9mm；清水河流域为 9.3mm。

径流的年内分配和降水相对空间分布、季节变化及年际变化等与降水基本具有同步变化的趋势，但变化幅度略大于降水；由于所选择年型的径流差

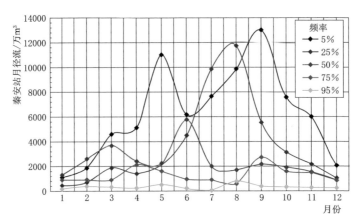

图 3.12　秦安站年径流量年内分配过程

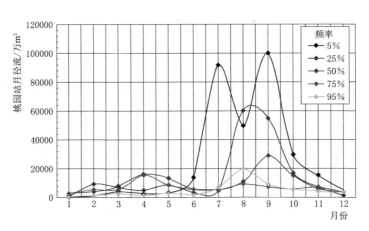

图 3.13　桃园站年径流量年内分配过程

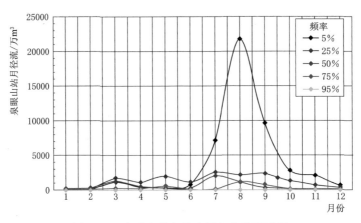

图 3.14　泉眼山站年径流量年内分配过程

异受多种因素控制，最大 4 个月径流发生的起止时间不尽相同。秦安站 50%
频率下平水年 1 月、2 月月径流大于 5% 频率下的月径流，但 50% 频率下最大
4 个月径流出现在 3—6 月，5% 频率下的最大 4 个月径流出现在 7—10 月，两
者相差近 3 倍，冬季 1 月、2 月的径流情况略有差异。丰水年汛期集中，一般
6 月进入汛期，汛期径流量（6—9 月）约占全年径流量的 70% 以上，径流量年内
分配极不均匀；枯水年最小 4 个月径流量通常发生在 11 月至次年 2 月，在清水河
流域 10 月之后甚至会出现断流的情况。由于汇入支流较多，下垫面条件复杂，再
加上气候变化，宁南山区径流年内分配和年际变化较大。近年来，宁夏南部山区
水土流失严重，而库区淤积，水库调节能力有限，不能充分调蓄有限的水资源。
因此，如何合理规划宁夏南部山区乃至黄河流域干旱半干旱区域的水资源，以及
加强生态环境保护建设，是尤为突出和关键的问题。

3.2.2　径流变化及其影响因素分析

　　泾河、清水河及葫芦河流域的径流深、降水在年内的分配情况如图 3.15
所示，泾河流域与清水河流域年内月降水的峰值均出现在 8 月，年内径流深
的峰值所在时段与降水相对应，约占年径流的 17%；葫芦河流域年内月降水
最大值在 7 月，年内径流深的峰值也处于 7 月，径流深年内变化过程与降水
较为一致，峰值出现在夏季。泾河流域与清水河流域月径流深在春季存在一
个减少的过程，可能由于春季气温急剧增长，蒸散发量增加，加之植被正处
于生长期，即使在降水增长的情况下，径流量依然会减少；进入夏季，雨季
来临，降水急剧增长，径流量随之大幅增加。

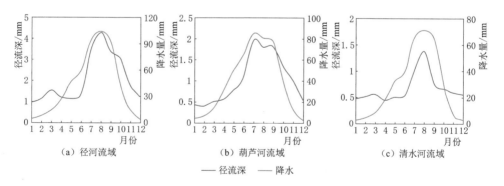

（a）泾河流域　　　　　　（b）葫芦河流域　　　　　　（c）清水河流域

—— 径流深　—— 降水

图 3.15　流域降水、径流深年内分配

　　泾河流域径流深随时间变化过程如图 3.16 所示。对泾河流域年径流深突
变检验发现，径流在 20 世纪 90 年代发生突变，突变后持续下降。Mann -
Kendall 趋势检验中的 UF 曲线在 1971—1987 年呈现波状变化，1997 年后持
续波动下降。从年径流深变化曲线可以看出，年径流整体呈减小趋势，下降

速率为 0.49mm/a，20 世纪 70 年代、80 年代径流深围绕 40mm 波动变化，1975 年径流最大，最大可达 60mm；进入 20 世纪 90 年代后，径流快速下降。从 5 年滑动平均可以看出径流主要呈波动下降趋势。1971—1982 年径流以增加为主，1982—2000 年呈显著下降趋势。径流的季节性变化表现：4 个季节整体上均呈减小趋势，减小速率最大为夏季，下降速率为 0.22mm/a；最小为冬季，减小速率为 0.05mm/a。虽然整体变化趋势一致，但是部分时期变化却相反。从滑动平均曲线来看，春季径流的变化过程表现为增加—减少—增加，最大值出现在 1991 年；夏季径流在 1971—1990 年有明显的上升趋势，1990 年后有明显的下降趋势，最大值在 1988 年；秋季径流则表现为波动减小，1971—1983 年增长，1984 年后减小，最大值为 34mm，出现在 1975 年；冬季径流变化不明显，整体呈减小趋势。20 世纪 80 年代春季、夏季径流增长，而秋季径流减少，可能由于降水的年内分配发生变化，雨期提前。2000年后春季径流增加是由于降水的增加和温度升高导致融雪径流增加造成的。

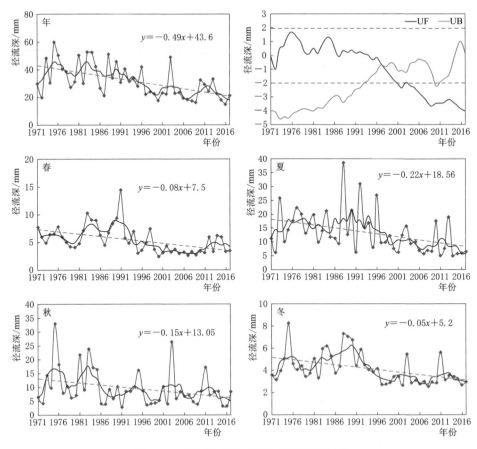

图 3.16　泾河流域径流深随时间变化过程

图 3.17 为清水河流域径流深随时间变化过程，清水河流域径流在 1987 年发生突变，进入 20 世纪 90 年代径流明显增加。从年径流过程线可以看出年径流深整体表现为增加趋势，增长速率为 0.12mm/a，通过显著性检验，20 世纪 90 年代径流量最大。从 5 年滑动平均可以发现径流具有"减少—增加—减少—增加"的变化过程，1971—1976 年径流减小，1977—1998 年径流急剧增长，2000—2010 年先减少后增长。径流的季节变化趋势与年径流具有一致性，四个季节径流均增长，增长速率相差不大，秋季、冬季略大于春季、夏季，增幅为 0.03mm/a，夏季与秋季的最大值均出现在 1996 年。从滑动平均曲线来看，季节径流阶段性变化更为明显，冬季径流主要为波动式上升，春季和秋季的阶段变化特征与年径流相似，1971—1979 年径流减少，20 世纪 80 年代、90 年代径流增加，进入 21 世纪后径流先减少后增加。

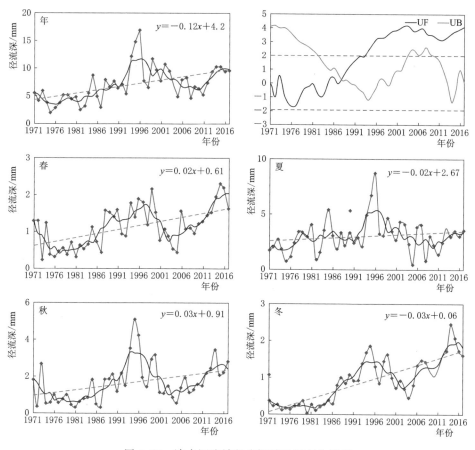

图 3.17 清水河流域径流深随时间变化过程

图 3.18 为葫芦河流域径流深随时间变化过程，由葫芦河流域径流时间变

化序列突变检验可以看出，径流在 1990 年附近发生突变，后持续下降。从年径流深变化曲线来看年径流整体呈下降趋势，减小幅度为 0.65mm/a，2000 年前快速下降，2000 年后下降速率有所减缓，1971 年径流最大，最大可达 75mm。从 5 年滑动平均可以看出径流主要呈波动下降趋势，20 世纪 70 年代径流增加，1978—2000 年径流显著减少，2000 年后波动变化。径流的季节性变化与年径流变化表现一致，4 个季节整体上均呈减小趋势，减小速率最大为夏季，下降速率为 0.33mm/a；最小为冬季，减小速率为 0.04mm/a；春季、秋季介于两者之间，下降速率分别为 0.13mm/a，0.14mm/a。从滑动平均曲线看，春季径流的变化过程表现为：减少—增加—减少—增加，最大值出现在 1973 年；夏季径流整体呈明显下降趋势，最大值在 1973 年，最大值可达 50mm；秋季径流阶段变化与年径流较为相似，波动减小，20 世纪 80 年代、90 年代径流下降迅速，径流最大值出现在 1976 年，最大值约为 18mm，年径流变化主要受夏季、秋季径流变化影响，整体看，年径流、季节径流都减小，

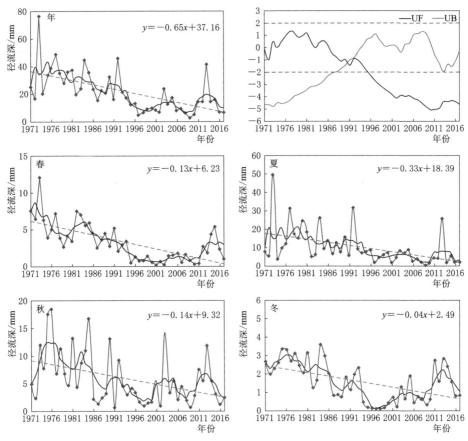

图 3.18   葫芦河流域径流随时间变化过程

四季中夏季的下降速率最大。

降水是径流的主要来源，两者密切相关。通过计算降水、气温与径流深在年、汛期和非汛期不同时间尺度上的相关系数来分析径流与降水量及气温之间的关系（表3.2）。由表3.2可知泾河流域径流与年降水量显著正相关，相关系数可达0.76；与汛期降水量的关系相对年降水量而言则更加显著，相关系数可达0.85；与非汛期降水量关系不大，可见汛期降水对于年径流的贡献更大，降水增加，径流也会相应增加。在气温上，径流与气温呈负相关，与年气温的相关系数为 -0.57，与汛期气温的相关系数为 -0.49，均通过95％的显著性检验，可见泾河流域的径流不仅与降水有关，与气温也有较大关系，气温增加可能导致蒸散发增加从而使径流减少。

表 3.2   流域年径流与降水、气温关系

流域	参　数					
	年降水量	汛期降水量	非汛期降水量	年气温	汛期气温	非汛期气温
泾河	0.76*	0.85*	0.21	-0.57*	-0.49*	-0.64
清水河	0.58*	0.42*	0.06	0.43*	0.32*	0.24
葫芦河	0.65*	0.54*	0.11	-0.46*	-0.54*	-0.43

注　*表示通过95％显著性检验。

清水河流域径流与年降水、汛期降水呈正相关，与年降水关系更为显著，相关系数为0.58；年径流与年气温、汛期气温呈显著正相关，相关系数分别为0.43、0.32，均通过显著性检验，由此可见清水河流域的径流随降水的增加而增加，气温增加时径流也会相应增加。葫芦河流域径流与年降水量、汛期降水量显著相关，其中径流与年降水量的相关关系最为突出，相关系数可达0.65，通过0.05的显著性检验；与气温负相关，气温升高时径流减小，其中径流与汛期气温的相关关系更为显著，相关系数为 -0.54，径流与年气温、汛期气温均通过显著性检验。总体而言，径流受降水量的影响较大，年内降水主要集中在汛期，径流与汛期降水量也有显著的正相关关系，而气温升高流域径流表现不一。

整体而言，年径流与年降水量的正相关关系更为显著。为了进一步分析径流与降水量及气温的关系，了解不同季节径流与两者的关系变化差异及与不同时段降水、气温的关系。分别将三个流域径流深、流域平均降水及气温数据处理成季节数据，分析季节径流与同期降水、气温及前期降水、气温的相关关系，径流对应的前期气象要素值即为前一季节的数值。

由表3.3可知，从季节径流与同期要素来看泾河流域四个季节降水与同期降水均呈显著的正相关关系，其中秋季、夏季与降水的关系更为显著，相

关系数为 0.70、0.64。与同期气温均呈显著负相关，其中春季尤为突出，气温上升蒸散发增加，植被进入生长期后需水量增加，径流减小。从季节径流与前期气象要素来看，秋季、冬季径流与前期降水量具有显著的正相关关系，夏季径流与春季气温有显著的负相关，春季径流与冬季降水、气温无显著关系。总体来看，季节径流主要受同期降水、气温的影响，与前期要素关系不明显。

表 3.3　　　　　　　　　泾河流域季节径流与降水量、平均气温关系

参　数	季　节			
	春季	夏季	秋季	冬季
同期降水量	0.55*	0.64*	0.70*	0.30*
同期气温	−0.57*	−0.43*	−0.35*	−0.39*
前期降水量	−0.05	0.12	0.38*	0.48*
前期气温	−0.36	−0.44*	−0.28	−0.35*

注　*表示通过95%显著性检验。

由表 3.4 可知，葫芦河流域的季节径流与同期降水量呈正相关，其中，夏季、秋季径流与同期降水量的关系更为显著，相关系数为 0.60、0.58，通过显著性检验。与同期气温及前期气温均呈负相关关系，夏季径流与同期气温关系最为突出，冬季径流与前期气温的关系最为突出，春季气温对径流的贡献呈相反关系，春季气温增长会致使径流减少。秋季、冬季径流与前期降水也有一定的相关关系，不同季节的径流受气候因子的影响有差异。

表 3.4　　　　　　　　　葫芦河流域季节径流与降水量、平均气温关系

参　数	季　节			
	春季	夏季	秋季	冬季
同期降水量	0.30*	0.60*	0.58*	−0.02
同期气温	−0.42*	−0.46*	−0.45*	−0.38*
前期降水量	−0.04	0.07	0.51*	0.42*
前期气温	−0.48*	−0.17	−0.49*	−0.53*

注　*表示通过95%显著性检验。

清水河流域季节径流与同期气候要素及前期要素的相关系数见表 3.5，季节径流与同期降水量、前期降水量均呈正相关关系，其中夏季径流与夏季降水量显著正相关，相关系数为 0.62；秋季径流与其前期降水量呈显著正相关关系。对气温而言，清水河流域径流对气温变化的响应不如降水量显著。春

季、冬季径流与同期气温正相关，气温升高，冬季冰封减少，春季融雪增加从而影响径流，同时冬季径流还受前期气温的影响。总体而言，不同流域、不同季节的径流受气候因子的影响不尽相同，受地理位置、地形的影响，对同一气候因子的变化响应也有一定的差异，径流对降水量变化的响应比气温更加明显。

表3.5 清水河流域季节径流与降水量、平均气温关系

参数	季 节			
	春季	夏季	秋季	冬季
同期降水量	0.42*	0.62*	0.17	0.27
同期气温	0.35*	−0.04	0.25	0.42*
前期降水量	0.29	0.05	0.46*	0.14
前期气温	0.24	−0.01	0.17	0.62*

注 *表示通过95%显著性检验。

3.3 降雨时间尺度研究

基于分形理论的自相似性对黄家河流域不同雨强下的降雨数据进行降尺度插值研究，首先构建了不同雨强下的降雨拟合函数并分析了函数之间的关系，然后分别对不同雨强降雨进行降时间尺度插值研究，并分析其变化规律，最后对所构建的函数进行精度检验。

3.3.1 数据统计与分析

考虑到流域面积小，雨量站之间的数据具有一定的相关性，所以选取黄家河流域10个水文站1981—2017年的降雨数据为研究对象，并筛除不合理的数据。对降雨数据进行初步整理发现，研究区域降雨历时主要集中在1h、2h、4h、6h、12h附近，在这5个降雨历时中，每个降雨历时的降雨量在5~40mm的区间内分布（图3.19）。

在相同的降雨历时内，降雨强度越大，降雨量越多。依据国家气象标准，假设降雨过程是均匀的，将降雨数据划分为暴雨、

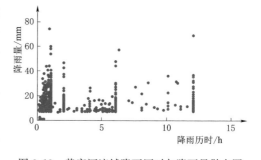

图3.19 黄家河流域降雨历时与降雨量散点图

大雨、中雨、小雨四个不同的降雨强度（表3.6）。

表 3.6 降雨等级与降雨强度表

降雨等级	降雨强度	降雨等级	降雨强度
暴雨	1h内降雨量≥16mm	中雨	1h内降雨量为2.6～8.0mm
大雨	1h内降雨量为8.1～15.9mm	小雨	1h内降雨量≤2.5mm

3.3.2 函数构建

统计发现，黄家河流域的降雨以小雨和中雨为主，大雨和暴雨发生次数较少。结合黄家河流域降雨数据的特点，对降雨历时为2h的暴雨和大雨及降雨历时为6h的中雨和小雨进行散点拟合。拟合结果如图3.20所示。

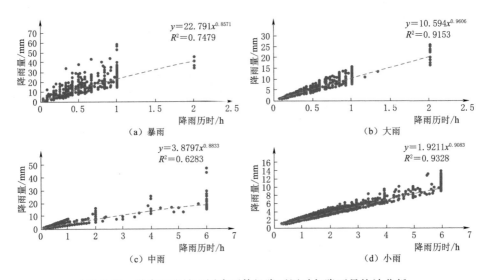

图 3.20 黄家河流域不同降雨等级降雨历时与降雨量统计分析

由图3.20可知，暴雨和大雨的降雨历时多集中在1h内，还有少数降雨数据的降雨历时密集地分布在2h附近；而中雨和小雨的降雨历时较长，中雨多分布在2h内，2～6h间也有部分降雨数据分布，小雨的降雨数据降雨历时多分布在6h以内。

黄家河流域的降雨数据拟合函数均为 $y = ax^{\alpha}$ 型函数，其中 a 为系数，α 为指数。随着雨强的增大，拟合函数的系数 a 呈指数型增长，增长函数为 $y = 0.7926e^{0.8425x}$（$R^2 = 0.99$）。同时，雨强变化对指数的影响较小，不同雨强拟合函数的指数均在 0.86～0.96 之间，浮动范围为 0.1，由此可知，黄家河流域不同雨强的降雨拟合函数之间存在密切的数学关系。

3.3.3 降雨时间尺度插值

不同雨强下的降雨拟合函数存在密切的数学关系，同一雨强下不同降雨历时的降雨拟合函数也存在着一定的函数关系，这为探究降雨降时间尺度提供了可能性。

3.3.3.1 小雨降时间尺度分析

小雨是黄家河流域主要降雨类型之一，小雨降雨数据较为密集地分布在0～6h之间，其中，1h、2h、4h、6h是降雨数据密集分布的四个时间点，因此，对黄家河流域的四个时间段的小雨进行重点分析。

由图3.21知，在1h、2h、4h、6h的四个时间尺度上，降雨拟合函数较为相近，均在$y=1.9x^{0.9}$附近有规律的变化。随着降雨历时缩短，系数a和指数α逐渐减小，同时拟合度也逐渐减小。1h降雨历时的降雨数据函数拟合度为0.7131，有一定的参考意义，受到数据样本数量和拟合函数复杂度等因素的影响，0.5h降雨历时的降雨数据函数拟合效果较差，低于0.5，因此在本书中不作讨论。基于分形理论的自相似性，黄家河流域小雨降雨数据的时间尺度由6h降至1h时，数据拟合函数变化较小，因此具有一定的参考意义，可以考虑将函数$y=1.9x^{0.9}$用于小雨雨强1h时间尺度的降雨量估算。

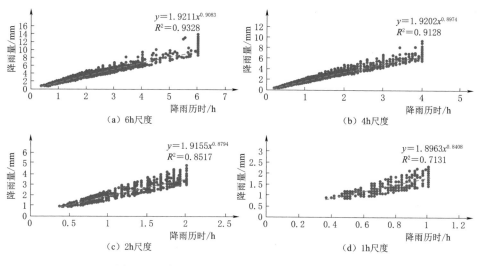

图 3.21 小雨雨强下不同降雨历时尺度统计分析

3.3.3.2 中雨降时间尺度分析

中雨指1h内降雨量为2.6～8.0mm的降雨，其降雨数据的降雨历时密切分布的时间点与小雨相同。由图3.22知，在1h、2h、4h、6h四个时间尺度上，降雨拟合函数在$y=3.87x^{0.88}$附近有规律的变化，随着降雨历时缩短，

系数 a、指数 α 和函数拟合度逐渐减小。

相同时间尺度下，中雨雨强的函数拟合度整体低于小雨雨强，但未低于 0.57，有一定的参考意义，与小雨雨强分析类似，降雨历时小于 1h 的拟合度不足 0.5，因此本书不再做相关分析。综合考虑，可以将函数 $y=3.87x^{0.88}$ 用于中雨雨强 1h 时间尺度的降雨量估算。

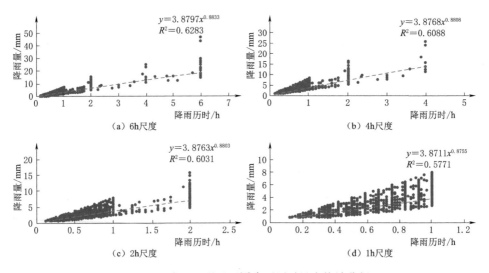

图 3.22　中雨雨强下不同降雨历时尺度统计分析

3.3.3.3　大雨降时间尺度分析

与小雨、中雨的降雨特点不同，大雨和暴雨单位时间的降雨量大，降雨历时短，多集中在 2h 内，又因 0.5h 内降雨数据较少，拟合效果较差，因此选取 0.5h、1h、2h 三个时段的降雨数据进行分析。由图 3.23 可知，在所选取的三个时间尺度上，降雨拟合函数在 $y=10.5x^{0.9}$ 附近有规律的变化，随着时间尺度减小，系数 a、指数 α 和函数拟合度逐渐减小。1h 尺度和 2h 尺度的函数拟合度均在 0.9 以上，0.5h 尺度的函数拟合度也达到了 0.8477，拟合效果较好，可以考虑将函数 $y=10.5x^{0.9}$ 用于大雨雨强不同时间尺度的降雨量估算。

3.3.3.4　暴雨降时间尺度分析

黄家河流域位于宁夏东南部山区，暴雨事件较少，但在 0.5～2h 时间尺度上仍表现出较为明显的规律。如图 3.24 所示，与小雨、中雨、大雨雨强下的变化趋势不同，暴雨雨强下，系数 a 和指数 α 随着降雨时间尺度的缩短而增大。函数拟合度与小雨、中雨、大雨雨强下的变化趋势相同，均随着时间尺度的缩短而减小，0.5h 尺度的函数拟合度约为 0.75，具有一定的参考意义。综合来看，可以考虑将函数 $y=23x^{0.85}$ 用于暴雨雨强不同时间尺度的降雨量估算。

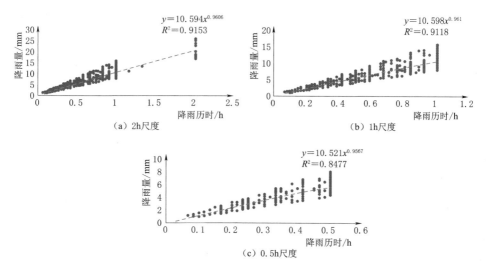

图 3.23 大雨雨强下不同降雨历时尺度统计分析

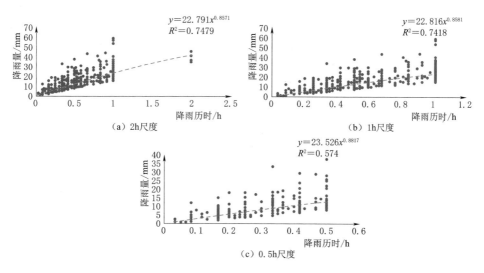

图 3.24 暴雨雨强下不同降雨历时尺度统计分析

3.3.3.5 函数拟合效果检验

为检验上述四个函数式的实际拟合效果，将黄家河流域 2017 年的降雨数据分别进行拟合，结果见表 3.7。

由表 3.7 可以看出，不同雨强下函数式的拟合关系均较好，均在 0.73 以上，其中小雨雨强下拟合度最高，为 0.9491；暴雨雨强下拟合度最差，为 0.7318。因此可以考虑将上述四个函数式用于黄家河流域不同时间尺度上降雨量的估算。

表 3.7 不同雨强函数拟合公式及拟合度表

降雨量等级	函数公式	拟合度	降雨量等级	函数公式	拟合度
暴雨	$y = 23x^{0.85}$	0.7318	中雨	$y = 3.87x^{0.88}$	0.8323
大雨	$y = 10.5x^{0.9}$	0.8976	小雨	$y = 1.9x^{0.9}$	0.9491

从以上结果看，本章所构建的四种不同雨强下的降雨降时间尺度函数公式拟合度较好，表明降尺度效果较好，可以用于黄家河流域时间插值研究，以获取更精确的降雨数据。

3.4 降雨空间尺度插值方法对比

用常见的反距离权重法、样条函数法、趋势面法和普通克里金法对黄家河流域 8 个雨量站的降雨数据进行空间插值计算，并对插值结果进行分析，用交叉验证法对插值精度进行检验，最后结合实际插值效果和检验精度选择最适合黄家河流域的空间插值方法。

3.4.1 空间插值结果对比分析

以 2001 年黄家河流域寨科、官厅、共和、马坪、马河、石岔、黄家河和王洼 8 个雨量站年降雨数据为数据源，分别对反距离权重法、样条函数法、趋势面法、普通克里金法的空间插值特征进行分析，发现不同插值方法得到的插值结果差异较大。从整体分布格局来看，反距离权重法和样条函数法的空间插值结果相似，趋势面法和普通克里金法的空间插值结果相似。

3.4.1.1 反距离权重法

黄家河流域反距离权重法空间插值结果如图 3.25 所示，流域内年降雨量的最大值为 551.0mm，出现在石岔站附近；最小值为 209.4mm，出现在黄家河站附近。整体来看，黄家河流域东南部和西北部降雨较多，中部和西南部降雨较少，可能受到来自东南方向的湿润季风的影响，同时由于地势四周高中间低，北高南低，受到微地形的影响，形成图 3.25 所示的降雨空间分布格局。

3.4.1.2 样条函数法

黄家河流域样条函数法空间插值结果如图 3.26 所示，流域内年降雨量的最大值为 664.0mm，出现在石岔站与王洼站之间；最小值为 201.0mm，出现在黄家河站附近。从黄家河流域整体来看，东南部和马坪站以西降雨较多，东北部和马坪站以南、黄家河站以西的地区降雨量最少；年降雨量分布整体呈东南—西北贯穿性降雨量较多，东北、西南部降雨量较少，但是马坪站以西的部分地区降雨量较多。

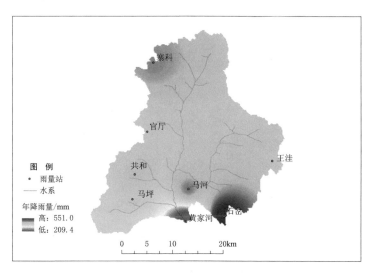

图 3.25 黄家河流域反距离权重法空间插值图

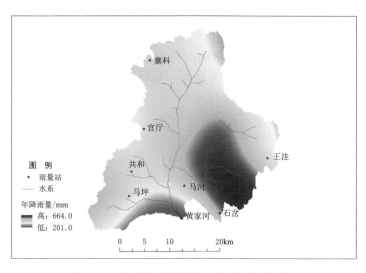

图 3.26 黄家河流域样条函数法空间插值图

3.4.1.3 趋势面法

选用线性回归函数进行趋势面插值，空间插值结果如图 3.27 所示。流域内年降雨量的最大值为 538.4mm，出现在流域的东北部；最小值为 370.5mm，出现在流域西南部。整体来看，黄家河流域降雨量呈现由东北向西南递减的分布特点，与反距离权重法和样条函数法的空间插值分布格局差别较大。

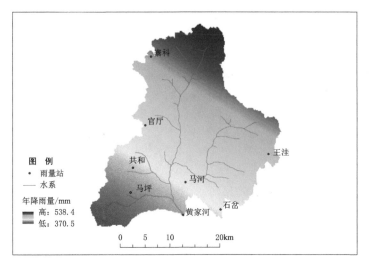

图 3.27　黄家河流域趋势面法空间插值图

3.4.1.4　普通克里金法

选取半变异模型为球面函数的普通克里金法进行空间插值，插值结果如图 3.28 所示，流域内年降雨量的最大值出现在流域东北部，最小值出现在黄家河站附近，但是最大值与最小值的差值小于 1mm，并不能比较客观地反映出黄家河流域降雨的真实空间分布情况。虽然普通克里金插值不能较好地反映黄家河流域实际降雨的空间差异特征，但是其降雨空间变化趋势与趋势面插值相似，降雨量都是从东南向西北递减。

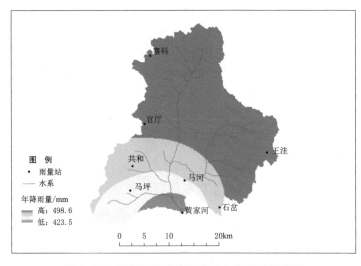

图 3.28　黄家河流域普通克里金法空间插值图

3.4.2 插值精确度分析

为了选出插值效果最好的空间插值方法，分别对黄家河流域不同插值方法下各站点的误差以及不同插值方法的精确度进行对比分析。

3.4.2.1 不同插值方法下各站点误差对比分析

计算出不同插值方法下黄家河流域 8 个雨量站点的降水实测值与预测值，结果见表 3.8，通过图 3.29 可更直观地了解不同站点不同插值方法下的实测值与预测值之间的关系。

表 3.8   各雨量站点不同插值方法实测值与预测值对比表

雨量站点	降水量/mm				
	实测值	预测值			
		反距离权重法	样条函数法	趋势面法	普通克里金法
石岔	551.0	363.5	186.2	370.6	423.5
黄家河	209.0	491.6	507.6	483.9	498.6
王洼	458.0	452.8	1229.2	528.5	436.9
寨科	477.0	440.4	320.0	542.7	434.1
官厅	443.0	447.3	469.3	453.2	439.0
共和	456.0	434.5	504.9	406.9	437.1
马坪	441.0	436.7	313.1	382.8	439.3
马河	481.0	378.4	270.5	422.0	433.6

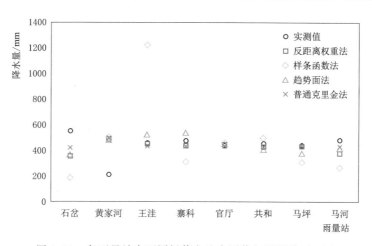

图 3.29   各雨量站点不同插值方法实测值与预测值对比图

1. 单个站点不同插值方法对比

为了更方便、精确地分析不同雨量站点和不同空间插值方法下的实测值和预测值之间的误差大小，将各站点不同空间插值方法下的实测值与预测值做绝对差，得到表 3.9。

表 3.9　　　　　黄家河流域雨量站实测值与预测值的误差情况

雨量站点	降水量/mm				
	实测值	实测值与预测值的绝对差值			
		反距离权重法	样条函数法	趋势面法	普通克里金法
石岔	551.0	187.5	364.8	180.4	127.5
黄家河	209.0	282.6	298.6	274.9	289.6
王洼	458.0	5.20	771.2	70.5	21.1
寨科	477.0	36.7	157.0	65.7	42.9
官厅	443.0	4.3	26.3	10.2	4.0
共和	456.0	21.5	48.9	49.1	18.9
马坪	441.0	4.3	127.1	58.2	1.7
马河	481.0	102.6	210.5	59.0	47.4

由表 3.9 可知，官厅站插值效果最好的是反距离权重法和普通克里金法，绝对差值均小于 5mm，插值效果最差的是样条函数法，绝对差值为 26.3mm。石岔站和黄家河站四种插值方法下的实测值与预测值的绝对差值均大于 100.0mm，样条函数法的实测值与预测值的绝对差值已经达到了 364.8mm 和 298.6mm。其余站点不同插值方法实测值和预测值的绝对差值大都在 100.0mm 以内。特别地，王洼站样条函数法实测值与预测值的绝对差值在所有站点不同插值方法中最大，达到了 771.2mm，插值效果最差。

综合来看，插值效果较好的是反距离权重法、普通克里金法和趋势面法，样条函数法的插值效果较差。

2. 单种插值方法在不同站点的对比

在反距离权重法中，插值效果最好的是马坪站、官厅站和王洼站，实测值与预测值的绝对差值均在 5.0 左右；其次是寨科站和共和站，绝对差值均小于 40.0；插值效果最差的是黄家河站和石岔站，实测值与预测值的绝对差值分别为 282.6 和 187.5。

在样条函数法中，插值效果最好的是官厅站和共和站，实测值与预测值的绝对差值分别为 26.3 和 49.0；插值效果最差的是王洼站，绝对差值为 771.2。

在趋势面法中，有 6 个雨量站点的实测值与预测值的绝对误差小于100.0，仅石岔站和黄家河站的绝对误差较大。

在普通克里金法中，马坪站实测值与预测值的绝对差值是四种插值方法所有站点中最小的，仅为 1.7，其次是官厅站，为 4.0。黄家河站与石岔站的绝对差值最大，分别为 289.6 和 127.5，其余 4 个雨量站点的绝对差值均小于 50.0。

综合四种插值方法来看，实测值与预测值的绝对差最小的是官厅站，其次是共和站和马坪站，王洼站、寨科站和马河站的绝对差值相对较大，绝对差值最大的是石岔站和黄家河站。

从空间分布来看，插值精确度较高的雨量站多分布在流域的西南侧，插值精确度较低的雨量站分布在流域的南侧边缘位置，东北部区域雨量站较稀疏，插值精度介于前两者之间。

3.4.2.2 不同插值方法精确度对比分析

为了更准确地检验不同插值方法的精确度，分别计算了不同插值方法的平均相对误差（mean relative error，MRE）、平均绝对误差（mean absolute error，MAE）、均方根误差（root mean square error，RMSE）（表 3.10）。

表 3.10　　　　　　　　　　不同插值方法精确度检验

误差类别	反距离权重法	样条函数法	趋势面法	普通克里金法
平均相对误差（MRE）	0.26	0.62	0.29	0.24
平均绝对误差（MAE）	80.58	250.55	95.99	69.14
均方根误差（RMSE）	126.21	336.38	125.89	114.59

黄家河流域四种插值方法的 MRE 和 MAE 的大小顺序为：普通克里金法＜反距离权重法＜趋势面法＜样条函数法。其中，普通克里金法、反距离权重法和趋势面法之间的差值较小，趋势面法和样条函数法之间的差值较大。RMSE 的大小顺序为：普通克里金法＜趋势面法＜反距离权重法＜样条函数法，其中，普通克里金法与趋势面法之间的差值较小，趋势面法与反距离权重法之间的差值极小，仅为 0.32，反距离权重法与样条函数法之间的 RMSE 差值则较大，为 210.17。

综合三个指标来看，普通克里金法的空间插值精度最高，反距离权重法和趋势面法的空间插值精度略低于普通克里金法，样条函数法的空间插值精度最低。但是由于普通克里金法的空间插值数据不能较好地反映黄家河流域不同空间位置的降雨量差异，因此可以选择反距离权重法对黄家河流域进行气象要素空间插值。

3.5　本章小结

本章对三河源地区降水、蒸散发、径流的时空变化特征进行了介绍，分析了径流变化及其影响因素、降雨时间尺度效应和空间插值方法，主要得出了以下结论：

（1）研究区降水在空间上受地理位置和地形的影响，总体呈现"南高北低"的分布格局。极端降水变化具有长期持续性，三河源大部分地区极端降水量增加，极端事件发生频次减少，极端降水强度增加，表明未来区域降水更趋于极端化。

（2）流域年径流均与年降水和汛期降水量有显著的正相关关系，相关系数最大可达 0.85，不同流域上不同季节的径流受气候因子的影响程度不同，受地理位置、地形的影响，对同一气候因子的变化响应具有一定的差异，径流对降水量变化的响应比气温更加明显。

（3）黄家河流域普通克里金法的插值精度最高，样条函数法的空间插值精度最低，但普通克里金法不能较好地反映不同空间位置降雨量的差异，可以选择反距离权重法对黄家河流域进行气象要素的空间插值。

第 4 章

新 安 江 模 型

4.1 模型介绍及参数分析

4.1.1 模型的发展历程

新安江模型是由河海大学赵人俊教授及其团队在 20 世纪 60 年代创立的，是中国少有的具有世界影响力的水文模型，被列入新中国成立四十周年国家级百项重大科技成果之一。1964 年，在分析大量产汇流计算经验公式的前提下，赵人俊结合大量的水文资料，认为在降雨量达到一定阈值后的降雨径流过程线的斜率接近"1"，并在此前提条件下引入了蓄满产流的概念和计算方法。随后经过数年研究，基于连续性方程，给出了蒸散发、产汇流等过程的计算方程，并于 1973 年在编写新安江水库入库预报方案时提出了新安江模型。随着学者们对模型理论和结构的不断完善和改进，新安江模型在 20 世纪 80 年代逐渐发展成熟，是一个适合我国湿润和半湿润地区的降雨径流模型。

新安江模型在进行流域划分时，一般利用泰森多边形法或自然子流域法两种方法将流域分割成数个更小的计算单元（子流域），同时对这些计算单元进行产汇流模拟，随后再将每个计算单元得到的出口断面流量过程通过特定的汇流演算方法得到整个流域的出口断面流量过程。新安江模型的蒸散发计算过程采用三层蒸散发模型，以蓄满产流理论（土壤湿度达到田间持水量之后才开始产流）为基础计算总径流量，采用指数型张力水或自由水蓄水容量曲线［式（4.1）和式（4.2）］描述坡面上蓄水容量空间分布不均匀的特性。将总的径流累积过程分为饱和地面径流、壤中流以及地下径流三个部分。河网汇流计算一般有滞时演算法和分段连续演算的马斯京根法两种。蓄满产流更易在湿润、半湿润地区产生，这些地区降雨强度大、历时长、范围广，其总量远远大于植物截留、下渗、填洼等造成的水量损失，从而导致该区域的下潜水位较高且前期土壤含水量相对更多。因此，新安江模型能够在这类区域获得相对更好的应用效果。

张力水和自由水蓄水容量曲线公式为

$$\frac{f}{F} = 1 - \left(1 - \frac{Wm}{WMM}\right)^{B} \tag{4.1}$$

$$\frac{f}{F} = 1 - \left(1 - \frac{Sm}{SMM}\right)^{EX} \tag{4.2}$$

式中：f/F 为流域内产流面积所占比重；Wm 为点的张力水蓄水容量，mm；WMM 为张力水蓄水容量的最大值，mm；Sm 为点的自由水蓄水容量，mm；SMM 为自由水蓄水容量的最大值，mm；B 为张力水蓄水容量曲线的指数；EX 为自由水蓄水容量曲线的指数。

马斯京根法是 McCarthy 在 20 世纪 30 年代末提出的一种河道洪水演算方法，最初应用于美国的马斯京根河，于 20 世纪 50 年代引入我国并得到了非常广泛的应用，被我国科研学者进行了深入的研究和改进。1962 年，华东水利学院（1985 年更名为"河海大学"）发布了基于马斯京根有限差分解的河网单位线，随后长江流域规划办公室（1988 年更名为"长江水利委员会"）求解得到了基于马斯京根法的河道分段连续流量演算的一般公式和完整的汇流参数。1982 年，法国工程师 Cunge 推导得到了马斯京根‐康吉演算法。1985 年，华东水利学院经过推导得到了马斯京根法的非线性解和矩阵解。

圣维南方程在不考虑惯性项后，动力波转换为扩散波，以此将圣维南方程转化为扩散波方程。新安江模型采用的马斯京根河道洪水演算法在理论上属于扩散波，一般用于下游回水对河道演算过程影响较小的天然河道。马斯京根河道洪水演算法的槽蓄方程可以表示为

$$W = KQ \tag{4.3}$$

$$Q = xI + (1-x)O \tag{4.4}$$

$$K = \frac{\mathrm{d}w}{\mathrm{d}Q_{0}} \tag{4.5}$$

$$x = \frac{1}{2} - \frac{l}{2L} \tag{4.6}$$

式中：W 为河槽蓄量；K 为槽蓄曲线的坡度；Q 为示储流量，m^3/s；x 为流量比重系数，反映河道调蓄能力；L 为河段长；Q_0 为对应的恒定流流量，m^3/s；w 为单位河槽蓄量；l 为特征河长；I 为河段上断面入流量；O 为河段下断面出流量。

对水量平衡方程和槽蓄方程推导得到其差分解，可得到流量演算方程为

$$Q_2 = C_0 I_2 + C_1 I_1 + C_2 Q_1 \tag{4.7}$$

式中：I_1、I_2 为河段初、末时刻的入流量，m^3/s；Q_1、Q_2 为河段初、末时刻的出流量，m^3/s；C_0、C_1 和 C_2 均为系数，可以通过式（4.8）～式（4.11）给出的计算方法得到（其中 Δt 为演算时段）：

$$C_0 = \frac{0.5\Delta t - Kx}{0.5\Delta t + K - Kx} \qquad (4.8)$$

$$C_1 = \frac{0.5\Delta t + Kx}{0.5\Delta t + K - Kx} \qquad (4.9)$$

$$C_2 = \frac{-0.5\Delta t + K - Kx}{0.5\Delta t + K - Kx} \qquad (4.10)$$

$$C_0 + C_1 + C_2 = 1 \qquad (4.11)$$

非线性的马斯京根法一般由动态参数法和非线性槽蓄曲线法进行计算。其中，动态参数法计算公式如下：

$$x = \frac{1}{2} - \frac{l(Q')}{2L} \qquad (4.12)$$

$$K = \frac{L}{C(Q')} \qquad (4.13)$$

式中：Q' 为示储流量，m^3/s；C 为波速，可以根据水文站实测资料求得。

在使用马斯京根法进行河道演算时，需要达成流量沿河道和时段内线性变化的条件，此时需要令 $K \approx \Delta t$。当河道相对较长时，则需对河道进行分段处理，使用分段演算法时可以用以下参数计算方法：

$$N = \frac{K}{\Delta t} \qquad (4.14)$$

$$XE = \frac{1}{2} - N(0.5 - x) \qquad (4.15)$$

$$KE = \frac{K}{N} \qquad (4.16)$$

式中：N 为河道分段数；XE、KE 为参数。

马斯京根法通常假定 x 和 K 是常量，此时需要 Q' 和槽蓄量 W 满足单一线性的关系，而只有在此槽蓄量下的 Q' 值和该槽蓄量所对应的恒定流的流量 Q_0 相同时方可满足这一条件，即 $Q' = Q_0$，这就是 Q' 代表的物理意义。K 值代表槽蓄曲线的坡度，它的值和相应槽蓄量 W 下恒定流状态的河段传播时间相同，这就是 K 代表的物理意义，显然 K 值受恒定流的流量影响，此时设定 K 为常量会造成一定的误差。x 代表流量比重系数，它的值受河道和洪水的相关参数影响，会随着河道洪水参数的改变而改变。

通常湿润地区以蓄满产流为主，干旱地区则以超渗产流为主，而在半湿润、半干旱地区两种产流方式并存。由于新安江模型主要用于湿润地区或半湿润地区的湿润季节，因此当新安江模型用于半湿润半干旱地区时可能无法得出满意的模拟结果。本书采用的增加超渗产流的新安江模型是在新安江模型的基础上认为未蓄满土壤的坡面径流会流入蓄满产流区的自由水蓄水库，和原有蓄满产流区的蓄满产流量混合后形成径流，因此该模型的时段产流量是蓄满产流量与超渗产流量之和。与新安江模型一样，增加超渗产流的新安江模型的蓄满产流计算和超渗产流计算均采用抛物线，计算公式为

$$R = R_s + R_i \tag{4.17}$$

式中：R 为流入自由水蓄水库的时段径流深，mm；R_s 为流入自由水蓄水库的时段超渗径流深，mm；R_i 为流入自由水蓄水库的时段蓄满径流深。

式（4.17）能够分别计算未蓄满流域的下渗能力和超过下渗能力时的坡面径流能力，适用于干旱、半干旱地区的流域超渗产流计算。

4.1.2　参数介绍及自动优化算法

当采用马斯京根法进行河道汇流模拟时共有 17 个参数，其中，马斯京根法中的参数有 2 个，蒸散发参数有 4 个，产流参数有 3 个，分水源和汇流参数各有 4 个。新安江模型可以从事多种尺度条件下的水文模拟，通常应用于逐日流量过程的模拟和次洪流量过程的模拟，本章研究的次洪模型已经在多个流域取得了良好的模拟结果，并得到了深入的研究和探索。对于次洪模拟参数率定，新安江模型主要侧重于洪水过程的拟合和洪峰流量的模拟。新安江模型需要率定的敏感参数主要包括 SM、KG、KI、CG、CI、L 及 CS 等与历时长度有关的参数，参数 B、C、WM、WUM、WLM、IM 不敏感，通常不进行调整。其中 $KG + KI = 0.7$，一般选择 KG 作为参数进行率定。EX 取值通常在 $1 \sim 2$ 之间。流域蒸散发折算系数 K 可以根据多年模拟径流与实测径流的插值计算得出。研究表明：模型的蒸散发参数主要取决于流域气象要素且较为稳定，该模块的参数能够控制产流量，但对产流过程影响较弱；产流参数和分水源参数控制产流量在各个水源中的分配量，与降雨过程和流域下垫面条件有关，其参数敏感性强于蒸散发模块中的参数；汇流参数直接影响各个分水源的产流过程和出口断面的流量过程，参数极为敏感。

新安江模型与增加超渗产流的新安江模型均为 VB 软件下开发的集成式软件，其中增加超渗产流的新安江模型的主要参数是在新安江模型的基础上额外增加了 4 个重要参数，因此本节主要介绍增加超渗产流的新安江模型 22 个基本参数中的部分重要参数。这些参数均具有明确的物理意义，具体的参数类型及含义如下（其中 Ks、Sf、$Hole$ 和 BX 为增加超渗产流的新安江模型的特有参数）：

（1）蒸散发折算系数 K：流域蒸散发能力与实际水面蒸发量的比值，该

参数对模型模拟的结果影响较大。

（2）流域张力蓄水容量曲线指数 B：能够反映流域蓄水容量分布曲线的不均匀性，取值范围为 0.1～0.4，通常情况下流域面积越大，B 的取值就越大。

（3）深层蒸散发系数 C：表示深根植物占流域面积的比重，取值范围为 0.08～0.25，深层蒸散发系数越高表明土壤深层的蒸散发能力越低。

（4）张力水容量 WM：反映了流域的干旱程度，通常北方干旱、半干旱地区的张力水容量为 180mm，南方湿润地区为 120mm。

（5）上层张力水容量 WUM 和下层张力水容量 WLM：WUM 表示流域上层蓄水容量，在土壤植被较好的流域可取值为 20mm，土壤植被条件越差，取值越低；WLM 则表示下层蓄水容量，一般取值为 60～90mm，另外张力水容量 $WM=WUM+WLM+WDM$（深层张力水容量）。

（6）不透水面积比例 IM：表示流域不透水面积占流域总面积的比值，一般取定值 0.01。

（7）自由水容量 SM：反映了流域平均自由水蓄水容量，SM 一般取值为 5～60mm，该参数对模型模拟的结果影响较大。

（8）流域自由水容量分布曲线指数 EX：表示自由水容量分布的不均匀性，取值范围为 1.0～1.5。

（9）地下水出流系数 KG 和壤中流出流系数 KI：分别表示自由水蓄水库对地下径流和壤中流的出流系数，一般情况下 $KG+KI=0.7$。

（10）地下水消退系数 CG：表示地下水的消退系数，取值范围为 0.98～0.998。

（11）壤中流消退系数 CI：表示壤中流的消退系数，取值范围为 0～0.9，土壤深层的壤中流越丰富，CI 值越高。

（12）河网水流消退系数 CS 与河网汇流滞时 L：表示河网水流的消退系数，洪水过后河网水消退得越快，CS 值越高。

（13）饱和传导率 Ks：表示当土壤水饱和时单位水势梯度下单位时间内通过单位面积的最大水量。

（14）土吸力 Sf：表示土壤基质对水分的吸附和保持能力。

（15）饱和含水率 $Hole$：表示土壤孔隙中完全充满水时水的质量与固体颗粒质量比，具体取值为 0～1。土壤持水力越强，土壤饱和含水率越高。

（16）下渗能力分布曲线指数 BX：表示土壤下渗能力分布的不均匀性。

水文模型的参数率定方法一般包括两大类，第一类是以经验为基础的人工试错法，第二类则是以数学算法为基础的自动优化法。前者使用便捷，但需要消耗大量的时间且具有极强的主观性，若是需要率定的参数较多往往很难获得最优的参数组合。自动优化算法虽然节约时间且容易找到最优解，但是由于目标函数的限定，其最优解的参数组合可能使得参数失去其物理意义。随着计算机技术水平的提高，基于各种优化算法的参数优化方法极大地提高了水文模型的参数优化效率，也逐渐成为了参数优化的主要手段。现阶段主要的参数优化算法有 SCE-UA 算法、单纯形法、遗传算法等。

4.1.2.1　SCE-UA 算法

SCE-UA（shuffled complex evolution）算法由美国亚利桑那州立大学的 Duan 等于 20 世纪 90 年代初提出，可以非常高效地处理参数优化中面对的多极值、多噪声、多纬度、非线性、不连续等问题。近年来，SCE-UA 算法已在新安江模型中得到了广泛的应用，并取得了令人满意的结果。SCE-UA 算法主要有以下四个计算步骤：①确定性方法和随机性方法的组合；②选取参数空间中的点组成复合型并逐步向全局最优进化；③竞争进化；④复合型混合。SCE-UA 算法需要率定的参数较多，但多数参数能够结合现有研究成果进行赋值，例如：$m=2n+1$、$q=n+1$、$s=pm$、$\alpha=1$、$\beta=2n+1$、$p=2$，其中 m 表示每个复合型顶点的数量、n 表示需要优化参数的数量、q 表示每个自复合型顶点的数量、s 表示种群数量、α 和 β 表示父代产生子代的数量和代数、P 表示复合形个数。其详细的优化算法描述如下：

（1）初始化。假设待优化的目标是 n 维，令 $p \geqslant 1$ 且 $m \geqslant n+1$ 模拟样本点的数量。

（2）产生样本点。在可行空间随机选择 s 个样本点并分别标记为 x_1，x_2，$\cdots$，x_s，$i=1$，2，$\cdots$，s 分别计算每一点的函数值 f_i。

（3）样本点进行排序。将 s 个样本点 (x_i, f_i) 升序排列并分别标记为 (x_i, f_i)，$i=1$，2，$\cdots$，s，其中 $f_1 \leqslant f_2 \leqslant \cdots \leqslant f_s$，记 $D=\{(x_i, f_i)$，$i=1$，2，$\cdots$，$s\}$。

（4）划分复合型群体。将 D 划分为 p 个复合型 A_1，A_2，$\cdots$，A_p，每一个复合型均有 m 个点，其中：$A_k = \{x_{k,j}, f_{k,j} \mid x_{k,j} = x_{k+p,j-1}, f_{k,j} = f_{k+p,j-1}, j=1, 2, \cdots, m\}$。

（5）复合型进化。结合竞争的复合型进化（competitive complex evolution，CCE）算法分别对每一个复合型进行进化计算，A_k，$k=1$，2，$\cdots$，p。

（6）混合复合型。按照进化后的每个复合型的所有定点组合成新的点集，将 A_1，A_2，$\cdots$，A_p 代入 D 中，根据函数升序对 D 重新进行排序。

（7）收敛性判断。符合收敛条件时停止运行，否则需要重新退回到第（4）步。

本书主要应用次洪模型进行洪水模拟，所以选择对数绝对值误差为目标函数进行参数优化计算：

$$f(\theta) = \frac{1}{N} \frac{\sum_{i=1}^{N} \left| \lg\left[\dfrac{Q_{\mathrm{obs},i}}{Q_{\mathrm{sim},i(\theta)}}\right] \right|}{\sum_{i=1}^{N} \left| \lg(Q_{\mathrm{sim},i(\theta)}) \right|} \tag{4.18}$$

式中：$Q_{\mathrm{obs},i}$ 为实测流量序列；$Q_{\mathrm{sim},i}$ 为模拟流量序列；N 为流量序列数；θ 为优选参数。

在参数优化算法循环过程中为了防止死循环，需要对算法的停止条件做一定的限制，在符合以下三种条件之一时则停止循环：①进行 5 次循环但目标函数的精度仍无法提高 0.01%；②进行 5 次循环后的优选参数值和目标函数均无明显改善；③迭代次数运算至设定的最大值。SCE-UA 算法的计算效率尚可，在集总式的概念性水文模型应用时效率较高，但是对于基于物理基础的分布式水文模型而言，其参数优化需要数小时甚至数天才能完成，因此计算效率被认为是 SCE-UA 算法的应用瓶颈。

4.1.2.2 单纯形法

单纯形法是一种非常经典的参数优化算法，在多个模型和流域得到了深入的研究。Barati 等通过对单纯形法的深入分析和研究，认为单纯形法有 84.8% 的概率能够得到全局最优解或近似解，并实现了非线性马斯京根法中主要参数的自动优化计算过程。丁杰等对单纯形法进行了改良，并基于改进的单纯形法对新安江模型的 6 个参数进行参数优选，根据参数分层原理和参数敏感性分析，提出了基于次洪模型参数的参数优化算法。

单纯形法的主要优点是计算量小、计算效率高，能够在较短的时间内迅速找到最优解或近似解。当选择率定的参数增加时，单纯形法由于其较高的计算效率，总的计算时间不会大幅增加。此外，单纯形法是一种非线性的动态求解过程，在求解计算中能够充分结合水文模型的相应情况递进地求取最优解。

假设总共有 m 个参数需要进行率定，单纯形法形成的参数空间是一个复杂的凸多面体，共包含 $m+1$ 个顶点。因此，维度为零的单纯形由点表示，维度为一的单纯形由直线表示，维度为二的单纯形由三角形表示，维度为三的单纯形由四面体表示。单纯形中的每一个顶点就是一组需要优化的参数，在优化计算时，逐步地计算并比较每一个顶点的目标函数，直至得到全局最优解的过程。单纯形法的计算过程主要有反射、扩展、收缩、缩小棱长等步骤，剔除当前结果中最差的参数组合，不断获得新的参数组合，通过若干组参数组合的计算，最终得到目标函数的最优解或近似解。单纯形法在参数优化过程中只需要计算目标函数的变化，无须对目标函数的导数进行计算，因此也称为直接寻优算法。单纯形算法流程如图 4.1 所示。

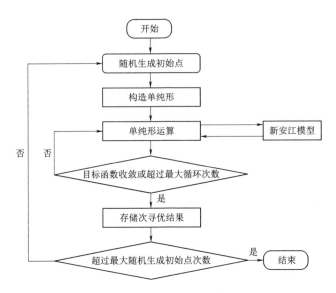

图 4.1　单纯形算法流程

单纯形法首先要给定初值单纯形后才能结合优化结果逐渐构造新的单纯形并继续进行优选。初始单纯形的选择准确程度严重影响参数优选过程，通常需要确定单纯形的某一个定点和步长，之后构建正规的初始单纯形；或者也可以先确定参数的边界，再应用黄金分割法把参数边界划分为两部分，并按特定的规则或组合对参数的每个部分进行优化，形成初始单纯形。在设定参数边界时，还要保证优化后的参数的合理性，因此需要增加罚函数法对优化过程进行约束。按照罚函数法约束的规律，能够在结合"惩罚"函数基础上，将"惩罚"函数添加至目标函数，将约束条件用"惩罚"函数的形式进行替换。这种方法就可以将带约束条件的参数优选问题转变为无约束条件的参数优选问题。在实际应用过程中，单纯形法和罚函数法的组合在实际的参数优选过程中会面临死循环的问题，即在单纯形的反射、扩展、收缩计算中，出现了参数越界的情况，这是由于罚函数中的"惩罚"对计算过程的控制，导致程序无法更新单纯形，进入了无限循环的状态，这种死循环问题当参数较多时极易出现。因此在应用过程中，选择的敏感参数不宜过多，在采用 3～4 个敏感参数进行参数优化的时候，出现的死循环频率相对较低，说明单纯形法和罚函数的简单结合并不是理想的带约束优化算法，仅仅适合参数维数较低的条件。

4.1.2.3　遗传算法

遗传算法（genetic algorithm，GA）最早由 Holland 教授于 20 世纪 70 年代中期提出，是现阶段快速发展起来的一种全新的随机搜索优化算法，它的思想根据是达尔文的进化论和孟德尔的遗传学说，是一种仿照生物界的自然选择和自然遗传机制的随机性搜索计算方法。经过模拟基因重组和进化的自然选择过程，通过二进制编码将目标问题的参数变为"基因"，再将这些"基因"结合成一个"染色体"，而数个"染色体"经过类似的自然选择、配对、变异等计算过程，经过数次反复的计算（即时代遗传），直至获得最优解。遗传算法根据"染色体"的"基因突变"，能够迅速且准确地获得全局最优解，而得到局部最优解时可以有效地忽略。遗传算法共有选择、交换、变异三个操作算子，它的算法一般由参数编码、初始群体设定、适应度函数设计、遗传操作设计、控制参数设定五项基本算法组成。简单遗传算法流程图如图 4.2 所示。

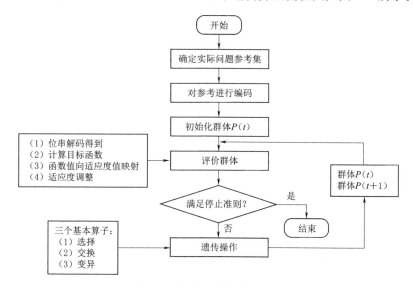

图 4.2　简单遗传算法流程图

遗传算法步骤如下：

（1）确定参数范围。好的遗传算法通常需要选择高的交换律、低的变异率以及合适的种群数量。遗传算法共有四个参数，分别是交换律 P_c、变异率 P_m（m 为每个染色体的长度）、最大遗传的迭代数 T_{max} 和染色体个数 P_{size}，其中，P_c 给出预计要进行交换的染色体个数为 $P_c \times P_{size}$，交换律越高一般说明有更多的染色体需要进行交换运算；P_m 预计的变异位数为 $P_m \times m$；P_{size} 则能够简单地以位的形式随机设定。通常选择 $P_{size} = 50$、$P_c = 0.8$、$P_m = 0.15$、$T_{max} = 100$。

（2）随机生成 P_{size} 个染色体的种群作为第一代。将变量采用二进制的方法进行个体编码，m 则通过参数的个数、范围，以及需要的精度进行选择，染色体根据参数的范围随机选取。

（3）染色体解码，计算每一个染色体的适应度。建立的目标函数为

$$minF = \left[\sum_{i=1}^{n} (Q_m(i) - Q_s(i))^2 \right]^{\frac{1}{2}} \tag{4.19}$$

式中：$Q_m(i)$ 为实测流量；$Q_s(i)$ 为模拟流量。

为了使目标函数中数值较小的染色体得到较大的适应度，从而遗传到下一代群体中，适应度计算方法如下：

$$f_{fitness(x)} = \begin{cases} C_{max} - F(x) & (F(x) < C_{max}) \\ 0 & (F(x) \geqslant C_{max}) \end{cases} \tag{4.20}$$

式中：$f_{fitness(x)}$ 为适应度；C_{max} 为一个适当的相对较大的数。

（4）选择操作。染色体的适应度越高，被选择的概率也就越大。通过赌轮选择将每一个染色体的适应度均根据一定的比例进行配置，以此确定染色体选择的具体份数。赌轮选择是一种有退还过程的随机选择方法。

（5）多点交换操作。

（6）变异操作。变异操作的目的是避免算法陷入局部优化，大大提高了寻找全局最优的可能。逐位的变异操作通常对于采用二进制的编码来说，即 0 替换为 1，1 替换为 0。

（7）生成下一代种群。通过对种群的再次适度评价，可以找出最优染色体与上一代的最优染色体进行比较，从而挑选出适应度最大的染色体。

（8）重复进行步骤（4）～（7），当满足迭代终止条件时停止。一般选择的终止条件是达到最大的遗传代数或误差小于 20%，选择适应度最大的个体进行解码，最后得到优化的参数值。

遗传算法进行参数优选的方法，不依赖于参数初值的设定，只需要根据模型参数的物理意义给出合理的取值范围，就可以得到全局最优解。遗传算法拥有较强的实用性且易于寻找全局最优解，需要进一步研究的问题是其四个参数如何选择。

4.2　次洪过程模拟对比

选取蓄满产流区的典型流域，即流域 32 的三关口流域。三关口位于宁夏回族自治区六盘山地区的固原市泾源县境内，为泾河上游支流颉河的上游，流域总面积 284.6km²。三关口流域属温带湿润、半湿润气候区，具有春寒无夏、冬长秋短的特点；年平均气温 5.7℃，多年平均降水量为 590mm，多年平均水面蒸发量为 1100mm，其中降水量的年内分布具有明显的典型大陆性特征。三关口流域包含一个流量站（三关口站）和三个雨量站（大湾站、什子站和清水沟站），三关口流域的提取结果以及流域所在位置如图 4.3 所示。

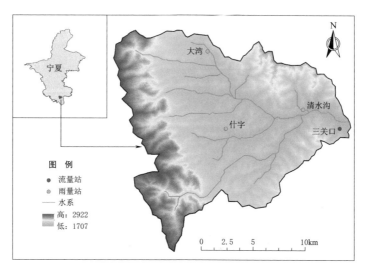

图 4.3 三关口流域

所选用的三关口流域洪水资料来源于 1981—1986 年的 6 场典型洪水。基于原始流域的降雨、蒸发、流量等数据资料在新安江模型集成式软件中的 Access 表内分别输入三关口流域面积、流域分块数、雨量代表站面积权重和各雨量站至河口断面的距离比重，1981—1986 年日降雨、日蒸发和日流量数据，洪水、时段降雨以及时段流量资料，经多次手动调试后在日模型界面下计算出流域的初始含水量 W_0，同时继续优化率定流域参数，最终确保次模型下降雨-径流模拟结果中的洪峰误差与洪量误差尽可能小，决定系数尽可能高，满足水文预报的精度要求，合格标准可参见《水文情报预报规范》 （GB/T 22482—2008）。

基于新安江模型和增加超渗产流的新安江模型的三关口流域参数率定结果见表 4.1，基于 VB 软件的新安江模型的洪水模拟界面如图 4.4 所示，三关口流域新安江模型和增加超渗产流的新安江模型洪水模拟结果分别见表 4.2、图 4.5 和图 4.6。

表 4.1 三关口流域参数率定结果

参数名称	参数	新安江模型	增加超渗产流的新安江模型
蒸散发折算系数	K	0.83	0.83
流域张力蓄水容量曲线指数	B	0.2	0.3
深层蒸散发系数	C	0.09	0.08
张力水容量	WM	158	164
上层张力水容量	WUM	20	20

续表

参数名称	参数	新安江模型	增加超渗产流的新安江模型
下层张力水容量	WLM	90	90
不透水面积比例	IM	0.01	0.01
自由水容量	SM	33	50
流域自由水容量分布曲线指数	EX	1.2	1.2
地下水出流系数	KG	0.55	0.6
壤中流出流系数	KI	0.15	0.1
地下水消退系数	CG	0.97	0.998
壤中流消退系数	CI	0.1	0.9
河道汇流的马斯京根法系数	X	0.35	0.35
河网水流消退系数	CS	0.1	0.1
流域分块数	NA	4	4
蒸散发折算系数个数	MA	1	1
饱和传导率	Ks	—	49
土吸力	Sf	—	20
饱和含水率	Hole	—	0.9
下渗能力分布曲线指数	BX	—	1.1

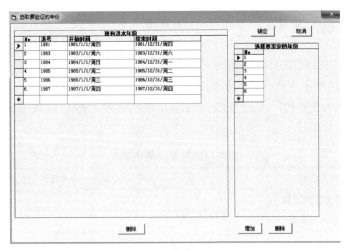

（a）界面一

图 4.4（一）　洪水模拟界面

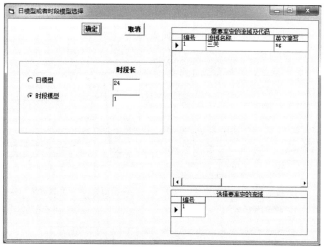

（b）界面一

图 4.4（二） 洪水模拟界面

表 4.2 三关口流域模型洪水模拟结果

洪号	实测径流深 /mm	实测洪峰流量 /(m³/s)	新安江模型			增加超渗产流的新安江模型		
			洪量相对误差/%	洪峰流量相对误差/%	NSE	洪量相对误差/%	洪峰流量相对误差/%	NSE
19810712	32.6	13.9	1.8	14.6	0.77	−18.7	−18.7	0.87
19830630	4.7	8.0	−0.3	18.0	0.74	1.2	77.3	0.11
19830904	6.5	14.3	4.3	32.0	0.71	4.4	77.5	0.23
19840724	18.9	27.1	4.4	7.7	0.81	9.9	72.1	0.21
19850811	6.6	12.6	12.8	15.1	0.85	5.3	72.4	0.36
19860624	10.8	19.3	18.4	27.5	0.87	−1.9	65.2	0.13

注 NSE 为纳什效率系数（Nash – Sutcliffe efficiency coefficient）的缩写。

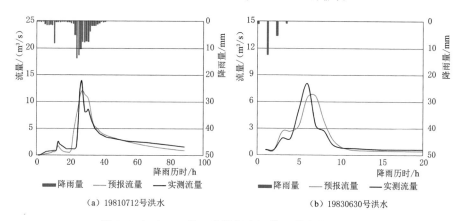

（a）19810712号洪水 　　　　（b）19830630号洪水

图 4.5（一） 三关口流域新安江模型洪水模拟结果

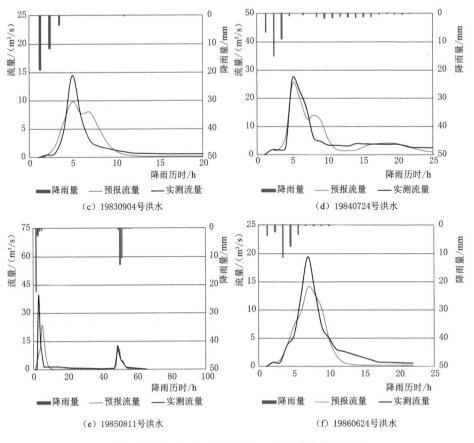

（c）19830904号洪水 （d）19840724号洪水

（e）19850811号洪水 （f）19860624号洪水

图 4.5（二） 三关口流域新安江模型洪水模拟结果

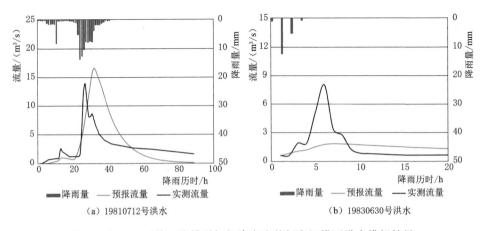

（a）19810712号洪水 （b）19830630号洪水

图 4.6（一） 三关口流域增加超渗产流的新安江模型洪水模拟结果

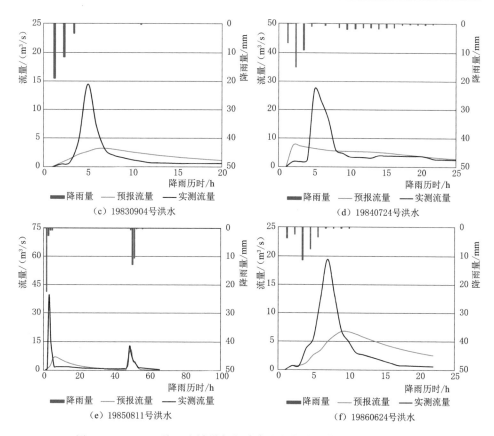

图 4.6（二） 三关口流域增加超渗产流的新安江模型洪水模拟结果

由于以蓄满产流为主导的流域洪水过程缓慢，因此新安江模型的洪水模拟评判以洪量合格数为主，洪峰流量合格数为辅；以超渗产流为主导的流域洪水过程陡涨陡落，往往洪峰流量高而洪量少，因此增加超渗产流的新安江模型的洪水模拟评判以洪峰流量合格数为主，洪量合格数为辅。三关口流域的新安江模型模拟结果的纳什效率系数均在 0.7 以上，并且洪峰流量误差相对于增加超渗产流的新安江模型较低，流量过程线与实测流量过程曲线相比较吻合，这说明新安江模型适用于三关口流域，表明三关口流域的主导性产流机制应为蓄满产流。

4.3 逐日径流过程模拟

4.3.1 新安江模型逐日径流过程模拟

选择三河源地区泾河流域的典型流域——三关口流域作为研究对象，降水数据摘自水文年鉴三关口流域大湾、瓦亭、什字、三关口4个雨量站点资料，径流数据采用三关口站的实测资料。其中，降雨量、流量资料为三关口站1991—2014年逐日数据，蒸发资料借用邻近的泾源站1991—2014年逐日蒸发数据。采用1991—2004年的资料来率定模型的参数，然后用2005—2014年的资料进行验证，日模参数率定过程按照先考虑水量平衡后考虑整个流量过程，先考虑洪峰流量后考虑峰现时间的方法进行。表4.3给出了新安江模型日模的各参数取值。

表4.3　　　　　　　　　　　新安江模型参数取值表

序号	参　数　意　义	参数	参数值
1	蒸散发折算系数	K	0.5
2	流域蓄水容量分布曲线指数	B	0.3
3	深层散发系数	C	0.08
4	张力水容量	WM	180
5	上层张力水容量	UM	20
6	下层张力水容量	LM	90
7	不透水面积比例	IM	0.01
8	自由水容量	SM	20
9	流域自由水容量分布曲线指数	EX	1.5
10	地下水出流系数	KG	0.35
11	壤中流出流系数	KI	0.35
12	地下水消退系数	CG	0.9999
13	壤中流消退系数	CI	0.98
14	河道汇流的马斯京根法系数	X	0.20
15	河网水流消退系数	CS	0.5

　　根据三关口流域新安江模型（简称"XAJ模型"）的日径流模拟结果，1991—2014年的月径流过程如图4.7所示，率定期（1992年和1999年）与验证期（2010年）的日径流过程如图4.8～图4.10所示。从图4.7～图4.10可以看出，三关口流域的降水与径流主要集中在7—9月，新安江模型在7—9月模拟的径流量往往高于实测径流量；而在枯水季节，模型模拟的径流量往往小于实测径流量，枯水期一般在12月至次年3月，究其原因很可能是有融雪径流的存在，而新安江模型没有考虑融雪径流的成分，故造成模拟值偏小。

　　XAJ模型在率定期和验证期的纳什效率系数分别为0.798和0.779，径流总量误差分别为6.58%和3.06%。依据《水文情报预报规范》（GB/T 22482—2008），径流深预报以实测值的20%作为许可误差，当径流深实测值的20%大于20mm时，取20mm；当该值小于3mm时，取3mm。由新安江

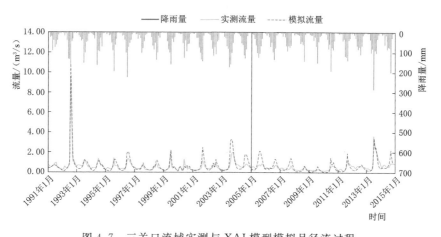

图 4.7 三关口流域实测与 XAJ 模型模拟月径流过程

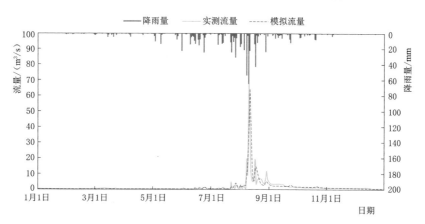

图 4.8 1992 年三关口流域实测与 XAJ 模型模拟日径流过程

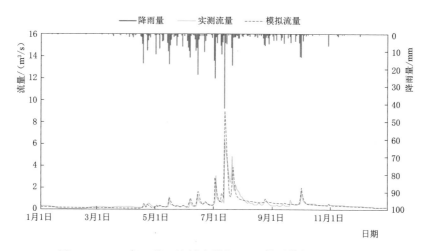

图 4.9 1999 年三关口流域实测与 XAJ 模型模拟日径流过程

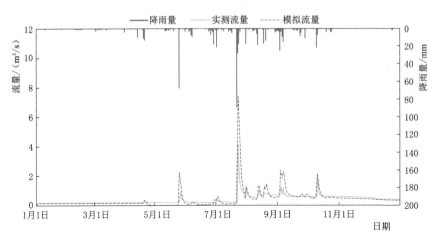

图 4.10　2010 年三关口流域实测与 XAJ 模型模拟日径流过程

模型日模模拟结果（表 4.4），可以看到 XAJ 模型日模径流量模拟结果合格率达到 75％，为乙级精度，表明其在三关口流域具有较好的适用性。

表 4.4　　　　　　　　　XAJ 模型日模模拟结果统计表

	年份	年降雨量/mm	年蒸发总量/mm	实测径流深/mm	模拟径流深/mm	径流深相对误差/％
率定期	1991	393.3	367.4	91.75	78.26	−14.69
	1992	738.2	388	229.29	226.46	−1.23
	1993	493.8	393.4	106.60	97.36	−8.67
	1994	530	419.5	95.23	78.90	−17.14
	1995	485.2	381	77.19	76.61	−0.75
	1996	587.2	430.7	98.94	115.25	16.49
	1997	352.4	328.4	58.25	59.69	2.48
	1998	513.9	415.5	62.29	74.03	18.86
	1999	504	400.1	74.67	81.56	9.23
	2000	467.5	378.4	70.20	54.23	−22.75
	2001	544.9	429.5	66.31	64.56	−2.63
	2002	540.8	493.4	70.27	66.71	−5.06
	2003	708.3	442.1	117.50	138.22	−17.64
	2004	511	443.3	96.10	118.54	23.37
验证期	2005	559.4	438.8	86.91	120.29	38.42
	2006	513.6	438.8	69.81	87.17	24.87
	2007	430.6	355.2	54.63	65.05	19.08

续表

	年份	年降雨量/mm	年蒸发总量/mm	实测径流深/mm	模拟径流深/mm	径流深相对误差/%
	2008	378.4	396.3	46.65	34.13	−26.83
	2009	416.6	410.1	35.18	28.06	−20.25
	2010	586.4	478.2	57.58	61.60	6.98
验证期	2011	548.2	453.8	76.34	70.28	−7.93
	2012	471.7	441.2	88.68	71.12	−19.8
	2013	750.4	527.1	182.75	156.20	−14.52
	2014	566.1	476.4	107.56	118.65	10.31

4.3.2 考虑潜在蒸散发的新安江模型

使用带有 Thornthwaite 经验公式计算潜在蒸散发的新安江模型（简称"T-XAJ 模型"）对三关口流域 1991—2014 年的径流进行模拟。雨量和流量数据来自三关口站 1991—2014 年逐日资料，气温数据借用临近的固原站 1991—2014 年逐日平均气温资料。其他参数与 XAJ 模型率定参数一致，作物因子 Kc 由联合国粮食及农业组织（Food and Agriculture Organization of the United Nations，FAO）针对不同气候条件和物候期给出的 Kc 经验值确定。

根据三关口流域 T-XAJ 模型的日径流模拟结果，1991—2014 年的月径流过程如图 4.11 所示，率定期（1992 年和 1999 年）与验证期（2010 年）的日径流过程如图 4.12~图 4.14 所示。可以看到 T-XAJ 模型日模拟过程线与 XAJ 模型模拟过程线基本一致，在洪峰上较实测值偏大，在枯水期，径流

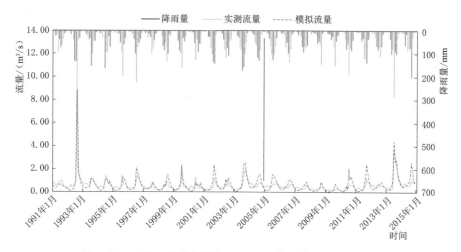

图 4.11　三关口流域实测与 T-XAJ 模型模拟月径流过程

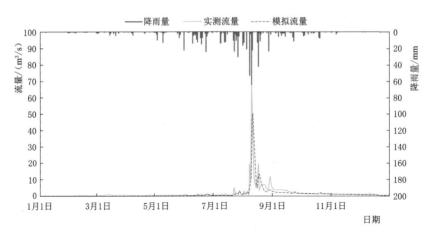

图 4.12 1992 年三关口流域实测与 T－XAJ 模型模拟日径流过程

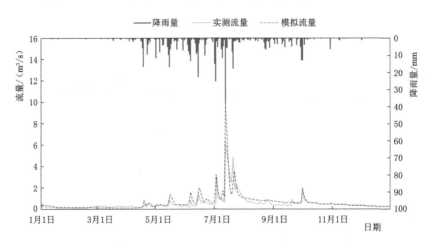

图 4.13 1999 年三关口流域实测与 T－XAJ 模型模拟日径流过程

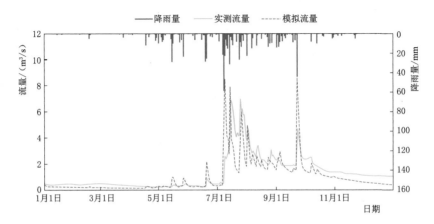

图 4.14 2013 年三关口流域实测与 T－XAJ 模型模拟日径流过程

量较实测值偏小。然而在大洪水模拟上，T-XAJ模型没有XAJ模型好，较实测值偏小，这可能与使用Thornthwaite经验公式计算潜在蒸散发偏大有关。

　　T-XAJ模型在率定期和验证期的纳什效率系数分别为0.781和0.803，径流总量误差分别为0.99%和13.18%。T-XAJ模型日模模拟结果见表4.5，依据《水文情报预报规范》（GB/T 22482—2008），通过Thornthwaite经验公式估算的蒸发数据在三关口流域的日径流模拟中合格率达到66%，为丙级精度，表明T-XAJ模型在三关口流域降雨径流模拟中具有适用性，可以应用于未来气候变化下的降雨径流模拟。

表 4.5　　　　　　　　　T-XAJ模型日模模拟结果统计表

	年份	年降雨量/mm	年蒸发总量/mm	实测径流深/mm	模拟径流深/mm	径流深相对误差/%
率定期	1991	393.3	357.44	91.75	69.99	-23.7
	1992	738.2	428.39	229.29	185.27	-19.19
	1993	493.8	418.23	106.6	85.98	-19.33
	1994	530	413.63	95.23	75.72	-20.48
	1995	485.2	383	77.19	71.22	-7.72
	1996	587.2	451.51	98.94	105.86	7
	1997	352.4	327.44	58.25	57.88	-0.63
	1998	513.9	395.64	62.29	79.24	27.23
	1999	504	395.59	74.67	87.31	16.94
	2000	467.5	372.06	70.2	57.87	-17.55
	2001	544.9	398.11	66.31	93.39	40.84
	2002	540.8	448.69	70.27	84.47	20.22
	2003	708.3	464.82	117.5	137.51	17.04
	2004	511	414.6	96.1	106	10.31
验证期	2005	559.4	439.68	86.91	94.95	9.27
	2006	513.6	413.68	69.81	79.34	13.66
	2007	430.6	367.56	54.63	60.3	10.37
	2008	378.4	341.6	46.65	39.53	-15.25
	2009	416.6	365.32	35.18	38.02	8.08
	2010	586.4	426.87	57.58	97.64	69.36
	2011	548.2	397.55	76.34	93.65	22.68
	2012	471.7	429.01	88.68	81.62	-7.95
	2013	750.4	439.16	182.75	193.83	6.07
	2014	566.1	429.63	107.56	137.9	28.21

通过两种蒸发数据模拟的日径流量和实测日径流量绘制线性相关关系如图4.15所示，无论是实测蒸发数据，还是通过 Thornthwaite 经验公式计算的蒸散发模拟的流量都与实测流量具有较好的相关性，R^2 分别达到 0.83、0.81。

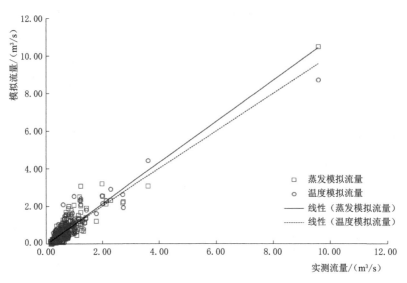

图 4.15　两种蒸发数据模拟流量与实测流量相关关系

与 XAJ 模型日模结果比较可以发现，T-XAJ 模型模拟的径流深具有稳定性，年际之间不会发生过大的波动，而通过 Thornthwaite 经验公式估算的蒸发数据模拟的径流深稳定性较差，在 2001 年、2010 年径流深相对误差超过了 40%。两种模型模拟径流深相对误差结果如图 4.16 所示。

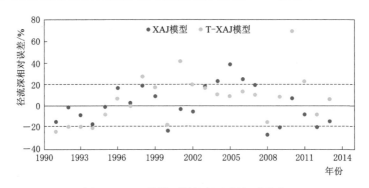

图 4.16　两种模型模拟径流深相对误差

4.3.3　未来气候变化影响下的径流模拟研究

对三关口流域 1991—2014 年的径流序列进行 Mann-Kendall 趋势检验，

发现其在 1994 年有一个突变点，进而将 1994—2014 年划分为基准期，从而更为准确地分析未来气候变化影响下径流的响应。

将统计降尺度模型（statistical downscaling model，SDSM）预估的未来降水资料和气温资料，输入到建立好的 T - XAJ 模型中，模拟三关口流域未来径流量的变化情况，分别得到 6 个全球气候模式（global climate model，GCM）以及集成气候在未来 2015—2035 年的径流模拟结果。

以 1994—2014 年三关口流域径流为基准，计算得到历史多年平均径流深为 88.4mm。根据模拟所得的未来径流过程绘制三关口流域径流深变化（图4.17），2015—2035 年三关口流域模拟的径流量总体上呈现波动上升趋势，各 GCM 模拟的年径流深在 35～352mm 范围内波动，其中 GFDL - ESM2M 模拟的多年平均径流深最大，为 114.5mm；MIROC - ESM - CHEM 模拟的多年平均径流深最小，为 84.6mm。就集成气候来讲，其多年平均径流深为 101mm，较基准期增加了 12.6mm(14.2%)。

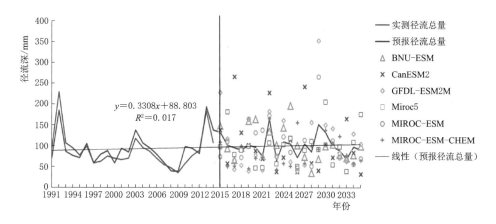

图 4.17　三关口流域径流深变化图

根据三关口流域径流年内分布图（图 4.18），可以看到径流量主要集中在夏季和秋季，5—11 月汛期径流量约占全年径流量的 70.9%，最大流量出现在 8 月，约为 1.2m^3/s，约占全年径流量的 16.5%；每年 1—3 月的径流量最少，约占全年径流量的 17.2%。图 4.18 还显示了未来流量在月尺度上的变化情况，由于受到未来预估降水的不确定性影响，不同气候模式模拟的流量在夏、秋多雨季节的差异大于春、冬少雨季节。与基准期月平均径流量相比，各模式模拟的 1 月、2 月、3 月、4 月、12 月平均径流量小于基准期实测月平均径流量，在 5—11 月则高于基准期实测月平均径流量。

将各个 GCM 模式模拟的未来径流按季节划分，绘制出四季的流量箱形图

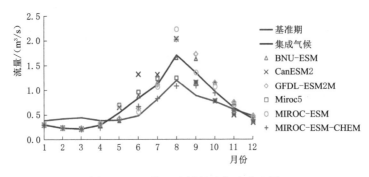

图 4.18　三关口流域径流年内分布图

（图 4.19），可以更直观地看出各个 GCM 模式四季流量的分布情况。可以看到春冬季各个 GCM 模式模拟流量较小，分布在 $0.2 \sim 0.6 m^3/s$ 之间。Miroc5 和 CanESM2 在夏季流量分布较为集中，而在秋季分布较分散，这说明 Miroc5 和 CanESM2 模拟的秋季降水在丰、枯水年份差异占比较大。

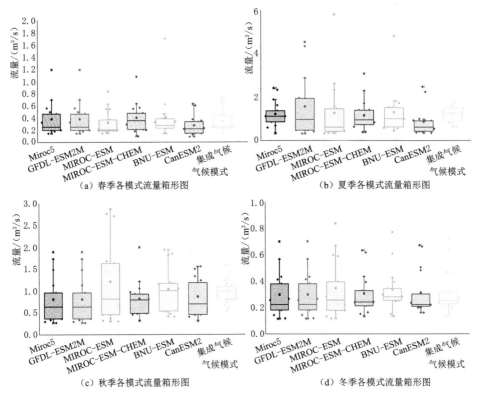

图 4.19　四季各模式流量箱形图

通过对未来气候输出数据降尺度分析可知，三关口流域未来降水呈缓慢增加趋势，极端气象事件出现频率可能增加，三关口流域未来降水量随季节变化明显，呈现春季降水增多、夏季降水减少的变化过程。初步确定三河源地区的雨水资源化潜力，为建立半干旱区域水资源潜力评估模型奠定了基础，为基于降水条件的渗灌装置选型和规模提供了依据。

4.4 本章小结

本章对新安江模型的结构、参数及其参数优化算法进行了介绍，基于新安江模型、增加超渗产流的新安江模型、考虑潜在蒸散发的新安江模型对三关口流域进行径流模拟，主要得出以下结论：

（1）三关口流域新安江模型模拟精度高于增加超渗产流的新安江模型，表明三关口流域的主导性产流机制为蓄满产流。新安江日模径流量模拟结果合格率达到75%，表明在三关口流域具有较好的适用性。

（2）考虑潜在蒸散发的新安江模型在大洪水的模拟精度略低于新安江模型，在枯水期较实测值偏小，但考虑潜在蒸散发的新安江模型模拟的径流具有稳定性，年际间不会发生过大的波动。

（3）结合未来气候输出数据的降尺度分析认为三关口流域未来降水呈缓慢增加趋势，极端气象事件出现频率可能增加，未来降水量随季节变化明显，呈现春季降水增多、夏季降水减少的变化趋势。

第5章

SWAT 模型

5.1 模型介绍

SWAT (soil and water assessment tool) 模型是由美国农业部的 Jeff Amold 博士于 1994 年开发的。它具有很强的物理基础，适用于具有不同土壤、土地利用方式和管理条件的复杂流域，并能在资料缺乏地区建模。

从模型的结构看，SWAT 模型是具有物理机制的第二类分布式水文模型，即在每一个网格单元（或子流域）上应用传统的概念性模型推求净雨，再进行汇流演算，最后求出流域出口断面流量。它明显不同于 SHE (system hydrological european) 模型等第一类分布式水文模型，即应用数值分析来建立相邻网格单元之间的时空关系。

分布式水文模型需要根据河网、地形、土壤类型和土地利用方式等把研究区域划分成一些计算单元。计算单元的划分方法有很多，最常用的有网格 (grid)、山坡 (hillslop) 和子流域 (subbasin) 三种，其中子流域是模型所采用的最主要的划分方法。SWAT 模型中使用的汇流方法允许使用各种计算单元的划分方法。对于每一个子流域，又可以根据土壤类型、土地利用和管理措施的组合情况，进一步划分成单个或多个水文响应单元 (hydrological response unit)，水文响应单元是模型中最基本的计算单位。

SWAT 模型采用先进的模块化设计思路，水循环的每一个环节对应一个子模块，模型的扩展和应用十分方便。SWAT 模型模拟的流域水文过程分为水循环的陆面部分（即产流和坡面汇流部分）和水面部分（即河道汇流部分）。其中，陆面部分所需的因子有：水文响应单元的划分、气候（降水量、气温、太阳辐射、相对湿度等）、水文因素（冠层截留、入渗、蒸发蒸腾、地表径流、输移损失等)、土地覆盖和植被因素、土壤侵蚀、营养成分、管理措施等;水面部分包括主河道和河段的汇流计算,即水、沙、营养物质等的输送过程。

SWAT 模型用于模拟地表水和地下水的水量和水质,可以预测土地管理措施对多类土壤、土地利用和管理条件的复杂流域的水文、泥沙和农业化学物质产流的响应,主要含有水文过程子模型、土壤侵蚀子模型和污染负荷子模型。SWAT 模型对流域的模拟主要基于水量平衡原理,流域的水文模拟可以分为两个主要部分:第一部分为陆地水文循环,即地表产流和坡面汇流过程,控制进入河道的水和泥沙的量;第二部分为河道演算水文循环,即水和泥沙等在河道中运动至出口的过程。

5.1.1 陆地水文循环过程

水文循环的陆地过程主要是基于水量平衡原理:

$$SW_t = SW_0 + \sum_{i=1}^{t} (R_i - Q_i - E_i - w_i - Q_i) \tag{5.1}$$

式中:SW_t 为土壤最终含水量,mm;SW_0 为土壤前期含水量,mm;t 为时间步长,d;R_i 为第 i 天降雨量,mm;Q_i 为第 i 天地表径流,mm;E_i 为第 i 天的蒸发量,mm;w_i 为第 i 天存在于土壤剖面底层的渗透量和侧流量,mm;Q_i 为第 i 天地下水出流量,mm。

5.1.1.1 天气和气候

流域气候控制着水量平衡过程,对水文循环不同过程起着决定性作用。SWAT 模型需要的气候变量有日降水、最高/最低气温、太阳辐射以及风速和相对湿度。SWAT 模型根据日均气温将降水分为雨或雪,并允许子流域按照高程带分别计算积雪覆盖和融化。

5.1.1.2 水文过程

降水在降落过程中,可能被植被冠层截留或直接降落在土壤表面。降落在土壤表面的水分将下渗到土壤当中或者产生坡面径流。坡面径流的运动相对较快,当进入河道中会产生短期的河流响应。下渗的水分可以滞留在土壤中,然后以蒸发、作物蒸腾的方式散失到大气中,或者通过地下径流缓慢地运动到地表水系统。其中涉及的物理过程包括:冠层蓄存、下渗、再分配、蒸散发、侧向地下径流、地表径流和回归流等。

5.1.1.3 土地利用/植被生长

SWAT 模型采用植物生长模型——EPIC (erosion productivity impact clculator) 模型来模拟所有的植被覆盖类型。模型能够区分一年生和多年生植物。一年生植物从种植日期生长到收获日期,或到累积的热量单元等于植物的潜在热量单元；多年生植物全年维持其根系系统，在冬季进行休眠；一旦平均温度超过基温，就重新开始生长。植物生长模型是用来评价水分从根区的迁移、蒸发和作物产量。

5.1.2　河道水文循环过程

SWAT 模型水文循环演算阶段包括主河道水文演算和水库水量演算两个部分。主河道水文演算主要为河道洪水演算和河道沉积演算；水库水量演算主要包括水库的水量平衡和演算过程。

5.1.2.1　主河道水文演算

（1）河道洪水演算：伴随着洪水自上游向下游的流动，一部分水流通过水面蒸发以及在河道中的流动而损失，另一部分则由于农业、工业供水或者人类用水而消耗。河道中的水流可通过降水以及支流的汇流得到进一步补充。主河道的流量演算可采用马斯京根法或者存储系数法计算。

（2）河道沉积演算：河道沉积演算模块由沉积和降解两部分同时组成，沉积部分采用沉降速度来演算，降解部分采用 Bagnold 河流功率演算。

5.1.2.2　水库水量演算

水库的水量平衡过程主要包括：水库入流、出流、水库水面的降水、水面蒸发、库底渗漏、引水等。SWAT 模型提供了三种方法估算水库的出流：①从数据库读入水库实测出流，由模型自动模拟水量平衡的其余部分；②针对不受控制条件的小水库，当水库蓄水量超过设定的库容时，即以一定的泄水速率将洪水下泄，超过防洪库容的洪水在一天内全部被释放；③针对具有一定管理水平的大型水库，采用月目标水量方法进行估算。

5.1.3　地表径流计算

SWAT 模型提供了两种方法计算地表径流量，即 SCS 模型和 Green - Ampt 方法。其中，由于 Green - Ampt 方法所需降雨数据以小时为单位，在实际应用中，对数据要求"苛刻"，因此实际应用中使用较少，本书暂不作详细介绍。

SCS（soil conservation service）模型是由美国农业部土壤保持局于 20 世纪 50 年代提出的，通过在美国 2000 多个小流域实测资料的基础之上经过统计分析总结而得出的经验关系，属于经验模型。此模型广泛应用于无降水过程资料而只有降水总量地区的降水径流模拟，模型可计算不同土地利用条件和土壤类型的连续下垫面的径流量。

SCS 模型计算地表径流的方程为

$$Q_{surf} = \frac{(R_{day} - I_a)^2}{R_{day} - I_a + S} \tag{5.2}$$

式中：Q_{surf} 为地表径流量，mm；R_{day} 为日降水量，mm；I_a 为初损量（包括填洼、截留等），mm；S 为截留量，mm。

初损量一般假定为 $0.2S$，截留量大小随着土壤类型、土地覆盖/利用、田间管理和地形坡度的变化而不同，在时间尺度上，流量随着土壤含水量的变化而变化。截留量一般按下式计算：

$$S = 25.4\left(\frac{1000}{CN} - 10\right) \tag{5.3}$$

式中：CN 为当日曲线值。

当初损量近似等于 $0.2S$ 时，将 $I_a = 0.2S$ 代入式（5.2）中得：

$$Q_{surf} = \frac{(R_{day} - 0.2S)^2}{R_{day} + 0.8S} \tag{5.4}$$

只有当 $R_{day} > I_a$ 时，才会产生地面径流。

为反映流域内土壤水分对 CN 值的影响，SCS 模型将前期土壤湿润程度分为三级：Ⅰ—干旱情况、Ⅱ—正常情况、Ⅲ—湿润情况，具体以次降雨前 5d 的降雨量为依据确定，具体不同前期土壤水分取不同值，干旱和湿润值计算公式为

$$CN_1 = CN_2 - \frac{20(100 - CN_2)}{100 - CN_2 + e^{2.533 - 0.0636(100 - CN_2)}} \tag{5.5}$$

$$CN_3 = CN_2 e^{0.00673(100 - CN_2)} \tag{5.6}$$

式中：CN_1、CN_2 和 CN_3 分别为干旱情况、正常情况和湿润情况下的 CN 值。

SCS 径流模型还提供了坡度为 5% 时的 CN 值，在实际应用中，可用式（5.7）对 CN 值进行修正：

$$CN_{2s} = \frac{CN_3 - CN_2}{3} - (1 - 2e^{-13.86SLP}) + CN_2 \tag{5.7}$$

式中：CN_{2s} 为坡度经修正后的正常土壤水分条件下 CN_2 值；SLP 为子流域平均坡度。

SCS 模型的主要参数是 CN 值，用来描述降雨径流关系，反映下垫面条件对产流过程的响应，是反映降雨前流域特性的一个综合参数。SCS 模型根据土壤渗透特性将土壤分为 A、B、C、D 四类，用以反映不同的土壤类型和土地利用情况下的产流能力：

（1）A 类土壤：此类土壤在充分湿润的条件下具有很高的入渗速率，主要由砂或沙砾组成，透水性强。

（2）B 类土壤：此类土壤在充分湿润的条件下具有较高的入渗速率，主要为较细粒～较粗粒，透水性较强。

（3）C 类土壤：此类土壤在充分湿润的条件下具有缓慢的下渗速率，主要为细粒～较细粒，透水性差。

（4）D 类土壤：此类土壤在充分湿润的条件下具有非常缓慢的下渗速率，主要由具有高膨胀特性的黏土组成，透水性很差。

5.1.4　坡面汇流计算

SWAT 模型中考虑坡面汇流的滞时现象，通过 SCS 模型计算得出的地表径流量由式（5.8）控制汇入河道的水量：

$$Q_{\text{surf}} = (Q'_{\text{surf}} + Q_{\text{stor},i-1})(1 - e^{-\frac{surlag}{t_{\text{conc}}}}) \tag{5.8}$$

式中：Q_{surf} 为进入河道的日流量，mm；Q'_{surf} 为坡面日产流量，mm；$Q_{\text{stor},i-1}$ 为第 $i-1$ 天滞蓄在子流域的坡面产流量，mm；$surlag$ 为地表径流滞蓄系数；t_{conc} 为子流域的产流时间，d。

通常，在给定产流时间的情况下，地表径流滞蓄系数越大意味着滞蓄在子流域的水量越少。此外，考虑到坡面汇流的作用会使进入河道水量过程是一个平滑的过程。因此，与实际情况相符。

5.1.5　壤中流计算

入渗至土壤中的水量是当日降水量与地表径流量的差值（蒸发损失量忽略不计），再减去渗漏出土壤层的水量即为当日滞留在土壤层的水分，这部分水分在各土壤层之间进行分配。

在 SWAT 模型土壤水分的计算当中，考虑了黏粒含量大于 30％的土壤会在干旱和湿润状态间变化时出现裂纹而影响地表产流的情况，并对地表径流进行了修正，计算公式为

$$\begin{cases} Q_{\text{surf}} = Q_{\text{surf},i} - crk, & Q_{\text{surf},i} > crk \\ Q_{\text{surf}} = 0, & Q_{\text{surf},i} \leqslant crk \end{cases} \tag{5.9}$$

式中：crk 为土壤裂隙蓄水量，mm；$Q_{\text{surf},i}$ 为由改进 SCS 模型计算出的地表径流量，mm；Q_{surf} 为经过裂隙蓄水修正后的地表径流量，mm。

入渗至土壤当中的水量是当日降水量与地表径流量间的差值，即

$$W_{\text{inf}} = R_{\text{day}} - Q_{\text{surf}} \tag{5.10}$$

式中：W_{inf} 为入渗量，mm；R_{day} 为扣除初损的降水量，mm；Q_{surf} 为经过修正的地表径流量，mm。

SWAT 模型假定：只有上层土壤达到了田间持水量且下层的土壤未饱和

的情况下，多余的水分才能够渗透到下层土壤。上下两层土壤的水分传输量可用蓄量演算法计算：

$$w_{\text{perc},ly} = SW_{ly,\text{excess}} \left[1 - \exp\left(\frac{-\Delta t}{TT_{\text{perc}}}\right) \right] \tag{5.11}$$

式中：$w_{\text{perc},ly}$ 为入渗至下层的水量，mm；$SW_{ly,\text{excess}}$ 为该层可供渗透的水量，mm；Δt 为计算时长，h；TT_{perc} 为水分运动时间（为每层饱和含水量和田间持水量差值与饱和导水率的比值）。

渗漏出土壤底层的水分进入渗流区，进而补充地下水含水层。当下层土壤渗透性小于上层土壤时，滞留在土壤中的水分将因上下层间的水力传导度和渗透性差异使上层土壤逐渐趋于饱和，而产生壤中流。

SWAT 模型中采用动态蓄量模型对壤中流进行计算，并假定水分只有在达到田间持水量后才产流，其最大产流量为大于田间持水量的部分。土壤层中可产生壤中流的计算公式为

$$Q_{\text{lat}} = 0.024 \left(\frac{2 SW_{ly,\text{excess}} K_{\text{sat}} slp}{\phi_d L_{\text{hill}}} \right) \tag{5.12}$$

式中：Q_{lat} 为坡面壤中流产流量，mm；$SW_{ly,\text{excess}}$ 为坡面土壤层中壤中流可能产流量（SWAT 模型中假定为饱和含水量与田间持水量的差值）mm；K_{sat} 为土壤层的饱和水力传导度，mm/h；slp 为子流域平均坡度；ϕ_d 为土壤孔隙率；L_{hill} 为坡长，m。

SWAT 模型在壤中流计算中也考虑了壤中流进入河道的滞时现象，其计算公式为

$$Q_{\text{lat}} = (Q'_{\text{lat}} + Q_{\text{latstor},i-1})(1 - e^{-\frac{1}{TT_{\text{lag}}}}) \tag{5.13}$$

式中：Q_{lat} 为第 i 天进入河道的壤中流流量，mm；Q'_{lat} 为第 i 天坡面壤中流产流量，mm；$Q_{\text{latstor},i-1}$ 为第 $i-1$ 滞留蓄存在土壤层中的壤中流水量，mm；TT_{lag} 为壤中流传播时间，d。

5.1.6 地下径流计算

在 SWAT 模型中，模拟的地下径流量包括浅层地下径流量和深层地下径流量。浅层地下径流量为地下浅层饱和带中的水，其以基流的形式汇入河川径流；深层地下径流量为地下承压饱和水带中的水。

浅层地下径流的水量平衡方程为

$$aq_{\text{sh},i} = aq_{\text{sh},i-1} + w_{\text{rchrg,sh}} - Q_{\text{gw}} - w_{\text{revap}} - w_{\text{pump,sh}} \tag{5.14}$$

式中：$aq_{\text{sh},i}$、$aq_{\text{sh},i-1}$ 分别为第 i 天和第 $i-1$ 天浅层地下水含水量，mm；$w_{\text{rchrg,sh}}$ 为浅层地下水补给量，mm；Q_{gw} 为浅层地下水产流量，即基流，

mm；w_{revap} 为浅层地下水向上扩散到土壤层中的水量，mm；$w_{pump,sh}$ 为从浅层地下水抽取到地面的水量，mm。

SWAT 模型中采用指数衰减权重函数来计算土壤水补给地下水的滞时，计算公式为

$$w_{rchrg,i} = (1-e^{-\frac{1}{\delta_{gw}}})w_{seep} + e^{-\frac{1}{\delta_{gw}}} w_{rchrg,i-1} \tag{5.15}$$

式中：$w_{rchrg,i}$ 为第 i 天浅层地下水含水量，包括浅层和深层地下水补给量，mm；$w_{rchrg,i-1}$ 为第 $i-1$ 天浅层地下水含水量（包括浅层和深层地下水补给量），mm；δ_{gw} 为渗流区水分传导系数；w_{seep} 为从土壤底层补给地下水的土壤含水量，mm。

在 SWAT 模型中，浅层地下水与土壤水、深层地下水之间都存在交换的关系，土壤水可以下渗补给地下水，而地下水也会因毛管水作用向上扩散或者被植被根系吸收消耗。同时，浅层地下水可以向下渗透补充深层地下水，补给量的大小与地下水的总补给量成正比线性关系。补给地下水的土壤水量 wseep 为最底层土壤下渗的水量与提前穿透出土壤剖面的水量之和，扣除补给深层地下水量即为补给浅层地下水量。浅层地下水因为毛管力向上扩散或根系作用而散发的水量在 SWAT 模型中被定义为 revap，并且假定只有当浅层地下水量大于预先设定的一个 revap 阈值之后才进行计算，其值大小与潜在蒸散发量之间成正比线性关系。

地下径流中只有浅层地下水对该流域的河川径流有补给量，且假定浅层饱水带中的水位大于给定的临界值才产流。用下式计算：

$$Q_{gw,i} = \begin{cases} Q_{gw,i-1}\exp(-\alpha_{gw}\Delta t) + w_{rchrg,sh}[1-\exp(-\alpha_{gw}\Delta t)], aq_{sh} > aq_{shthr,q} \\ 0, aq_{sh} \leqslant aq_{shthr,q} \end{cases}$$

$$\tag{5.16}$$

式中：$Q_{gw,i}$ 为第 i 天进入河道的浅层地下水量，mm；$Q_{gw,i-1}$ 为第 $i-1$ 天进入河道的浅层地下水量，mm；α_{gw} 为地下水退水系数；Δt 为计算时长，d；$w_{rchrg,sh}$ 为浅层地下水补给量，mm；aq_{sh} 为浅层地下水含水量，mm；$aq_{shthr,q}$ 为浅层地下水产流的临界含水量，mm。

5.1.7　蒸散发计算

5.1.7.1　冠层存储

植被冠层对土壤水分的下渗、地表径流和蒸散发的影响较显著。冠层的截留可以有效低降雨对地面的侵蚀能力，并将一部分降雨滞留在冠层。冠层对这些过程的影响取决于植被盖度和物种形态。

在计算地表径流时，SCS 曲线数法将冠层截留视为初损。初损包括地表

蓄水和产流前的水分下渗，约占当前滞蓄量的20%。SWAT模型根据叶面积指数来估算日最大冠层存储量：

$$can_{day} = can_{max} \frac{LAI}{LAI_{max}} \qquad (5.17)$$

式中：can_{day}为模拟日最大冠层存储量，mm；can_{max}为冠层充分发育时的最大冠层存储量，mm；LAI为模拟日叶面积指数；LAI_{max}为植被最大叶面积指数。

次降雨事件过程中，水分首先要满足冠层存储：

当$R'_{day} \leqslant can_{day} - R_{INT(i)}$时，

$$R_{INT(f)} = R_{INT(i)} + R'_{day}, R_{day} = 0 \qquad (5.18)$$

当$R'_{day} > can_{day} - R_{INT(i)}$时，

$$R_{INT(f)} = can_{day}, R_{day} = R'_{day} - (can_{day} - R_{INT(i)}) \qquad (5.19)$$

式中：$R_{INT(i)}$为模拟日冠层存储的初始自由水量，mm；$R_{INT(f)}$为模拟日冠层存储的最终自由水量，mm；R'_{day}为扣除冠层截留之前的降雨量，mm；R_{day}为模拟日到达地面的降雨量，mm；can_{day}为模拟日最大冠层存储量，mm。

5.1.7.2 潜在蒸散发

潜在蒸散发于1948年由Thornthwaite提出，定义为土壤水分供给充分，且在无对流或热存储效应条件下，覆盖均匀生长植被区域的蒸散发速率。1956年，Penman考虑到蒸散发速率受不同植被表面特征影响，进而简化潜在蒸散发的概念为供水充分条件下，完全覆盖地表、具有均匀高度的矮绿作物的散发量。Penman采用草作为参照作物，但后来一些学者认为作物高度为30~50cm的紫花苜蓿更为合适。

目前有较多估算潜在蒸散发量的方法，SWAT模型引入了其中三种：Penman - Monteith法、Priestley - Taylor法和Hargreaves法。SWAT模型也可采用其他方法实测或计算的潜在蒸散发量。

1. Penman - Monteith法

Penman - Monteith法综合考虑了能量平衡、水汽扩散理论、空气动力和表面阻抗项，计算方程为

$$\lambda E = \frac{\Delta(H_{net} - G) + \rho_{air} c_p [e_z^0 - e_z]/r_a}{\Delta + \gamma(1 + r_c/r_a)} \qquad (5.20)$$

式中：λE为潜热通量，MJ/(m²·d)；E为蒸发率，mm/d；Δ为饱和水汽压-温度曲线斜率，de/dT，kPa/℃；H_{net}为净辐射，MJ/(m²·d)；G为土壤热通量，MJ/(m²·d)；e_z^0为高度z处的饱和水汽压，kPa；e_z为高度z处的水汽压，kPa；γ为干湿计算数，kPa/℃；r_c为植被冠层阻抗，s/m；r_a为空气层弥散阻抗（空气动力学阻抗），s/m；ρ_{air}为空气密度，kg/m³；c_p为固定压

强下的比热，MJ/(kg·℃)。

对于中性大气稳定度情况下，假设风廓线形式为对数型且植被供水良好，Penman - Monteith 方程可以写为

$$\lambda E_t = \frac{\Delta(H_{net} - G) + \gamma K_1 (0.622 \lambda \rho_{air} / P)(e_z^0 - e_z) / r_a}{\Delta + \gamma(1 + r_c / r_a)} \qquad (5.21)$$

式中：γ 为蒸发潜热，MJ/kg；E_t 为最大蒸腾率，mm/d；K_1 为单位尺度系数（u_z 单位为 m/s，$K_1 = 8.64 \times 10^4$）；P 为大气压，kPa。

当以小时为时间步长，然后叠加成日值时，Penman - Monteith 方程的计算结果最为精确。日平均参数值代入 Penman - Monteith 方程估算日蒸散发可能导致严重错误，这是因为风速、湿度和净辐射的日分布不均使得日平均参数值不符合实际情况。

2. Priestley - Tayloy 法

Priestley 和 Tayloy 于 1972 年提出组合方程的一个简化版本，适用于通常较湿润的地表区域。删除空气动力学部分，能量部分乘以系数 α，当周边环境湿润时，$\alpha_{pet} = 1.28$。

$$\lambda E_0 = \alpha_{pet} \frac{\Delta}{\Delta + \gamma} (H_{net} - G) \qquad (5.22)$$

式中：λ 为蒸发潜热，MJ/kg；E_0 为潜在蒸散发量，mm/d；α_{pet} 为系数；Δ 为饱和水汽压-温度曲线斜率，de/dT，kPa/℃；γ 为干湿计常数，kPa/℃；H_{net} 为净辐射，MJ/(m² · d)；G 为土壤热通量潜在蒸散发，MJ/(m² · d)。

Priestley - Tayloy 方程提供了弱对流条件下估算潜在蒸散发量的方法。在半干旱或干旱地区，能量平衡的对流过程显著，该方法会低估潜在蒸散发量。

3. Hargreaves 法

Hargreaves 法最初是根据加利福尼亚州 Davis 地区 8 年凉爽节的 Alta 牛毛草蒸渗仪数据导出的方程：

$$\lambda E_0 = 0.0023 H_0 (T_{max} - T_{min})^{0.5} (\overline{T}_{av} + 17.8) \qquad (5.23)$$

式中：λ 为蒸发潜热，MJ/kg；E_0 为潜在蒸散发量，mm/d；H_0 为地外辐射，MJ/(m² · d)；T_{max} 为日最高气温，℃；T_{min} 为日最低气温，℃；$\overline{T}_{av}$ 为日平均气温，℃。

5.1.7.3　实际蒸散发

SWAT 模型中，在潜在蒸散发的基础上计算实际蒸散发。首先从植被冠层截留蒸发量开始计算，然后计算最大蒸腾量、最大升华量和最大土壤水分蒸发量，最后计算实际升华量和土壤水分蒸发量。

1. 冠层截留蒸发量

模型在计算实际蒸发时，假定冠层截留的水分全部蒸发，如果潜在蒸发量，小于冠层截留的自由水量 R_{INT}，则：

$$E_a = E_{can} = E_0 \tag{5.24}$$

$$E_{INT(f)} = E_{INT(i)} - E_{can} \tag{5.25}$$

式中：E_a 为某日流域的实际蒸发量，mm；E_{can} 为某日冠层自由水蒸发量，mm；E_0 为某日的潜在蒸发量，mm；$E_{INT(i)}$ 为某日植被冠层自由水初始含量，mm；$E_{INT(f)}$ 为某日植被冠层自由水终止含量，mm。

如果潜在蒸发量 E_0 大于冠层截留的自由水量 R_{INT}，则：

$$E_{can} = E_{INT(i)}, \quad E_{INT(f)} = 0 \tag{5.26}$$

当植被冠层截留的自由水被全部蒸发掉时，继续蒸发所需要的水分（$E_0' = E_0 - E_{can}$）就要从植被和土壤中得到。

2. 植物蒸腾

假设植被生长在一个理想的条件下，植物蒸腾可用以下表达式计算：

$$E_t = \begin{cases} \dfrac{E_0' LAI}{3.0}, & 0 \leqslant LAI \leqslant 3.0 \\ E_0', & LAI > 3.0 \end{cases} \tag{5.27}$$

式中：E_t 为某日最大蒸腾量，mm；E_0' 为植被冠层自由水蒸发调整后的潜在蒸发量，mm；LAI 为叶面积指数。

由此计算出的蒸腾量可能比实际蒸腾量要大一些。

3. 土壤水分蒸发

在计算土壤水分蒸发时，首先区分出不同深度土壤层所需要的蒸发量，土壤深度层次的划分决定土壤允许的最大蒸发量，可由下式计算：

$$E_{soil,z} = E_s'' \frac{z}{z + e^{2.347 - 0.00713z}} \tag{5.28}$$

式中：$E_{soil,z}$ 为 z 深度处蒸发需要的水量，mm；z 为地表以下土壤深度，mm；E_s'' 为土壤潜在蒸发量，mm。

式（5.28）中的系数是为了满足 50% 的蒸发所需水分来自 10mm 深的土壤表层，以及 95% 的蒸发所需的水分来自 0～100mm 土壤深度范围内。

土壤水分蒸发所需要的水量是由土壤上层蒸发需水量与土壤下层蒸发需水量决定的：

$$E_{soil,ly} = E_{soil,zl} - E_{soil,zu} \tag{5.29}$$

式中：$E_{soil,ly}$ 为 ly 层的蒸发需水量，mm；$E_{soil,zl}$ 为土壤下层的蒸发需水量，mm；$E_{soil,zu}$ 为土壤上层的蒸发需水量，mm。

以上说明，土壤深度的划分假设 50% 的蒸发需水量由 0～10mm 内土壤上层的含水量提供，因此 100mm 的蒸发需水量中 50mm 都要由 10mm 的上层土壤提供，显然上层上壤无法满足需要，调整后的公式可以表示为

$$E_{\text{soil},z} = E_{\text{soil},zl} - E_{\text{soil},zu}\,esco \qquad (5.30)$$

式中：$esco$ 为土壤蒸发调节系数，该系数是 SWAT 模型明显为调整土壤因毛细作用和土壤裂隙等因素对不同蒸发量而提出的，对于不同的 $esco$ 值对应着不同的土壤层划分深度。

随着 $esco$ 值的减小，SWAT 模型能够从更深层的土壤获得水分供给蒸发。当土壤层含水量低于田间持水量时，蒸发需水量也相应减少，蒸发需水量可由下式求得：

$$E'_{\text{soil},ly} = \begin{cases} E_{\text{soil},ly}\exp\left[\dfrac{2.5(SW_{ly}-FC_{ly})}{FC_{ly}-WP_{ly}}\right], & SW_{ly}<FC_{ly} \\ E_{\text{soil},ly}, & SW_{ly}\geqslant FC_{ly} \end{cases} \qquad (5.31)$$

式中：$E'_{\text{soil},ly}$ 为调整后的 ly 层土壤蒸发需水量，mm；SW_{ly} 为 ly 层土壤含水量，mm；FC_{ly} 为 ly 层土壤的田间持水量，mm；WP_{ly} 为 ly 层土壤的凋萎含水量，mm。

5.2 好水川流域 SWAT 模型建模方法

好水川流域位于六盘山西侧，宁夏回族自治区隆德县境内，是渭河上游支流葫芦河上游左岸一级支流的上游，北距隆德县城约 18km；地理坐标为东经 $105°50'\sim106°15'$，北纬 $35°38'\sim35°45'$；流域总面积为 122.9km²，为中等流域。

流域地处中纬度欧亚大陆腹地的东缘，是黄河流域与中上游、六盘山西麓的山区。在气候区划上，属中温带半湿润向半干旱过渡地带。流域平均气温 5.1℃，是宁夏回族自治区最冷的地方。流域内由于土壤沙化，植被覆盖度低，流水侵蚀比较严重。

流域多年平均降水量 517mm，降水量年内分布有明显的典型大陆性特点，主要集中在 6—9 月，一般降水量占全年降水量的 72%，多年平均水面蒸发量（E601 型）900mm，干旱指数 1.5，陆面蒸发量 450mm，多年平均径流深 78mm，多年平均径流 1362.59 万 m³，其中洪水资源量 959.79 万 m³，占径流总量的 70.4%，常流水总量 402.8 万 m³，占径流总量的 29.6%。洪水多为超渗产流型，历时短、洪峰高。

5.2.1 基础数据准备

SWAT 模型需要的基础数据包括数字高程模型（digital elevation model，

DEM)、土地利用 (land use) 和土地覆盖变化 (land couzr change) 数据,土壤类型和属性数据,流域实际测绘的数字河流资料 (如流域出口站点位置等),气象站点的空间数据和月气象数据及部分实测日气象资料,流域控制站点的流量资料及自然地理资料等。根据模型的要求,应用 ArcGIS、ArcView、Excel 等软件进行模型数据生成、数据格式转换及模型参数生成等工作。

空间数据必须具有相同的投影和坐标系,同时在 SWAT 模型中,需要定义空间数据的投影。研究区内所有空间数据采用 ArcGIS 工具箱 toolbox 里边的 projection 工具进行投影转换。

土地利用和植被类型对流域水文环境、水文过程等都会产生重要影响。土地利用与植被变化通过影响蒸发性能,影响土壤的入渗特征,进而改变地表径流的形成,从而影响流域产汇流过程。SWAT 模型能够识别的土地利用数据基于美国土地利用分类,以 4 个英文字母进行编码,土地利用数据库包含了模型计算需要的各种参数,如植物生长参数、CN 值等。

SWAT 模型中可以输入月平均气象数据,使用天气发生器模拟,生成日气象数据;也可以直接输入流域附近站点的实测日气象数据,从模型开发者的角度,建议输入日实测数据,以提高模型的模拟精度。国内外研究者在模拟大尺度流域时,对于高海拔地区,要结合高程变化对气象数据加以修正。由于研究区面积较小,所以只考虑气象数据的空间变化情况,不考虑高程变化对于气象数据的影响。

在本次研究中,由于现场气象观测资料时间较短,且观测内容较少,仅有 2010 年好水及杨河两个观测点的日降水量数据。因此降水量数据采用研究区实测数据,模型中日最高和最低气温、太阳辐射等资料通过借鉴与研究区临近的隆德县、西吉县及泾源县气象资料,采用泰森多边形法进行插值,将其换算为研究区观测点数据。

5.2.2　模型数据库构建

AVSWAT 实现了 SWAT 模型和 ArcGIS 的结合,基于输入的空间数据和表格数据,可以提取模型所需要的参数,同时实现了模型需要的气象数据的导入。本书以主沟道控制的流域作为研究对象。

5.2.2.1　流域河网的生成及子流域划分

模型中子流域形成过程包括填洼、水流流向分析、汇流分析、河网的生成、流域和子流域的形成、入水口和出水口的标注、子流域内水库的标注、研究流域地形和地貌参数的提取。

在处理 DEM 之前,需要加载或者描绘一个屏蔽区域 (MASK),目的是尽可能地标出与实际研究区域相近的 DEM 面积,确保处理的速度。为了使提取的河流更加准确，可以加载研究区域实测的数字化河网，利用美国德克萨斯大学奥斯汀分校 Maidment 博士提出的"burn-in"算法，提取更加准确的数字河网。研究区面积较小，利用地形图手工矢量化河网水系，以确保生成的水系和实际水系尽可能接近。同时需要定制空间数据的投影参数。

在识别流域分水线时，必须先确定流域出口断面的位置，此时模型会按照确定的格网水流流向，勾画出流域边界，计算出流域面积。模型在生成水系时，需要给定一个临界集水面积阈值，它是指形成永久性河道所必需的集水面积。据此，就可以将流域内集水面积超过此阈值的作为有水道的区域。

5.2.2.2 水文响应单元的划分

水文响应单元（hydrologica response unit，HRU）是指下垫面特征相对单一和均匀的区域，在这个区域中的网格具有相似的水文特性。由于在自然子流域中可能具有多种植被类型和土壤类型，它们之间的相互组合形成了更复杂的下垫面情况，不同的土壤和植被组合具有不同的水文过程，为了进一步反映这种流域内部的类型组合差异，同时减少植被和土壤的复杂组合程度，需要对每个子流域进行 HRU 的划分，每个 HRU 是只有一种植被和一种土壤类型的组合。

SWAT 模型可以接受 grid 格式或 shp 格式的土地利用数据和土壤数据，同时为每个类型指定属性数据。模型可以计算每种土地利用和土壤类型的面积，模型中的 Reclassify 可以重新分类土地利用类型和土壤类型的代码，使 SWAT 可以接受。Overlay 可以实现土地利用类型和土壤类型的叠加，能够确定土地利用类型和土壤类型的分布。

模型在生成 HRU 时，有两种方法来定义土地利用和土壤分布，一种是按照子流域内占主要类型的土地利用类型和土壤类型进行叠加，运行后每一个子流域中只有一种土地利用方式和土壤类型；另一种是按照土地利用和土壤的面积百分比进行叠加，目前国内外对于土地利用和土壤叠加算法及其对水文响应的影响研究较多。采用第二种方法时，由于土壤类型单一，只需要考虑土地利用方式，确定土地利用面积阈值为 5%。模型共生成 40 个子流域，136 个水文响应单元。

5.2.3 结果分析

SWAT 模型提供了"日降水数据/径流曲线数法/以日为时间单位进行径流演算（Daily rain/CN/Daily）""小时降水数据/Green-Ampt 方法/以日为时间单位进行径流演算（Sub-hourly/G-A/Daily）"和"小时降水数据新 Green-Ampt 方法/以小时为时间单位进行径流演算（Sub-hourly/G-A/Hourly）"三种方法来进行径流模拟。由于后两种方法需要按小时观测的雨量数据，故在本次研究中，采用了第一种方法来模拟蔡家川主沟道的降雨径流过程。

SWAT 模型提供了偏正态分布（skewed normal distribution）和混合指数分布（mixed exponential distribution），本书选择了偏正态分布来模拟降雨量分布。

潜在蒸散发 SWAT 模型提供 Priestly - Taylor 方法、Penman - Monteith 方法、Hargreaves 方法和读入实测蒸发数据来模拟，本书选择的是 Penman - Monteith 方法，需要太阳辐射、气温、相对湿度、风速作为输入数据。

模型提供了变动产流和马斯京根两种方法来模拟河道演算，基于对比考虑，本书采用了马斯京根法。

选择 2010 年的日降雨径流数据作为模型运行模拟的验证数据。

5.2.3.1 参数敏感性分析

与集总式模型相比，建立在物理机制上的分布式水文模型要求输入的参数较多，并且由于水文陆面过程中参数的空间差异性、获取过程中的误差及参数评估的困难使得模型初始参数值的输入具有很大的不确定性，因此，需要评估模型输入参数对模拟结果的影响，即通过参数的敏感性分析提高模型运行时间效率和减少参数的不确定性。

研究流域位于黄土高原残塬沟壑区，以超渗产流为主，所以模型研究中主要考虑地表径流。模拟期和验证期的模拟时段均为 4—9 月，不需要考虑融雪、冰冻等情况，模型研究以降雨产流为主，SWAT 模型中与水文过程相关的参数有土壤参数、土地利用参数、地下水径流参数、地表特征参数。

采用 LH - OAT（latin hypercube one factor at a time）方法进行敏感性分析，此方法依据简单随机采样原理，即从用户自定义的输入数据中随机采样，分析由于模型输入变化而引起的模型输出的改变，运用分层式采样方法，简化了运算工作量，提高了分析效率。敏感性分析表达式见下式：

$$I = \frac{\Delta O}{\Delta F_i} \frac{F_i}{O} \tag{5.32}$$

式中：I 为敏感性指数；O 为模型输出结果；F_i 为模型输出因子；ΔF_i 为模型影响因子（参数）的变化量；ΔO 为模型输出结果的变化。

模型参数敏感性分类见表 5.1，敏感性指数 I 不受 O 和 F_i 单位尺度的影响，I 的绝对值在 0～1 之间变化，数值越大表明参数的敏感性越高。

表 5.1 　　　　　　　　　　　　　敏 感 性 分 类

分类	指数	敏感性	分类	指数	敏感性
Ⅰ	$0.00 \leqslant |I| < 0.05$	不敏感	Ⅲ	$0.20 \leqslant |I| < 1.00$	敏感
Ⅱ	$0.05 \leqslant |I| < 0.20$	一般敏感	Ⅳ	$|I| \geqslant 1.00$	极敏感

研究中不考虑营养物输移和干旱季节的降雨径流情况，所以只需要分析与雨季径流相关的敏感性参数（表 5.2）。

表 5.2　　　　　　　　　　　敏 感 性 参 数

变　量	定　　义	变　量	定　　义
ALPHA_BF	浅蓄水层回归流 α 因子	SLOPE	平均坡度等级
GW_DELAY	地下水滞后系数	SLSUBBSN	平均坡长
GW_REVAP	地下水再蒸发系数	USLE_P	USLE 中水土保持措施因子
RCHRG_DP	深蓄水层渗透系数	ESCO	土壤蒸发补偿系数
REVAPMN	浅层地下水再蒸发系数	EPCO	植物蒸腾补偿系数
QWQMN	浅层地下水径流系数	SURLAG	地表径流滞后时间
CANMX	最大覆盖度	USLE_C	USLE 中植物覆盖度因子
CN	SCS 径流曲线数	LAI	植被叶面积指数
SOL_AWC	土壤有效持水率	SOL_ALB	潮湿土壤反照率

在进行参数敏感性分析时，主要对与土壤和土地利用有关的水文参数（如土壤密度、饱和导水率、有效持水率、LAI、CN 等）进行分析，初始的地形特征参数（坡度、坡长等）通过 GIS 从 DEM 中提取。初始的 CN 值参照美国水土保持局出版的各类土地利用 CN 值表。SWAT 模型提供了参数值的上下限，分析结果见表 5.3。

表 5.3　　　　　　　　　SWAT 模型水文参数敏感性

参　数	参　数　说　明	对总径流的敏感性
CN	SCS 曲线数	Ⅲ
SLOP	平均坡度等级	Ⅰ
ALPHA_BF	浅蓄水层回归流 α 因子	Ⅰ
SOL_AWC	土壤有效持水率	Ⅲ
ESCO	土壤蒸发补偿系数	Ⅱ

从表 5.3 可以看出，SOL_AW 和 CN 是影响整个水文过程模拟精度的重要参数，决定了径流量。土壤有效持水率与径流量呈负相关关系，该系数越大，表明土壤蓄水能力越强，流域径流量会减少。而径流曲线数反映了地表植被和土壤对产流的综合影响，即 CN 越大，产流量越多，CN 与径流模拟结果呈线性关系。

浅蓄水层回归流 α 因子、坡度因子 SLOPE 对总径流量影响不大，因为在黄土区，地下径流补给少，主要以超渗产流为主，而从文献来看，α 因子对于地下径流的变化影响较大。ESCO 与径流量呈正相关关系，该系数增大，土壤深层蒸发量减少，径流量增加。

5.2.3.2　参数校准和验证

模型的校准是指将实测资料与模型模拟的结果进行比较，根据实测资料，调整模型的参数，以取得好的模拟结果，即模型的调参过程。模型的验证是将独立的实测资料与模型的模拟结果进行比较，对模型的适用性进行评价。模型的校准和验证过程如图 5.1 所示。

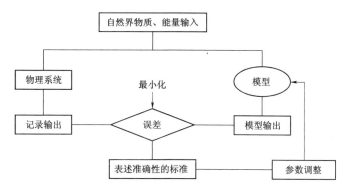

图 5.1　模型的校准和验证过程

模拟精度采用 NSE 与模拟值和实测值的相关系数 R^2 来评价。根据模型参数敏感性分析的结果，对径流过程敏感性的参数进行校正，其目的是使模拟结果与实测径流量更接近，提高模拟精度。对于水平衡和径流的校正，必须对流域的实际气象水文状况有一个较好的了解。一般校正按照从大到小的原则，先按照全年平均状况校正，然后再按照实测月径流或日径流情况调整，调整后的模型一般可以保证蒸发等模拟达到要求；如果有蒸发、气候等实测数据，也可以按照它们进行校正。本书中只有部分月份实测径流资料，所以先按照月径流值进行粗校正，再按照日径流进行调整。

土壤水文物理参数影响地表径流、下渗和土壤蒸发等过程。CN 值、土壤饱和导水率及土壤有效持水量（田间持水量）决定了径流的产生，这三类参数的率定在初始值上进行调整。对于最后的模拟结果，SWAT 模型提供了平均土壤湿度 CN 值（CN_2）、SOL_AWC、$ESCO$、$RWVAPC$ 和 $EPCO$ 5 个模型校准参数。在 SCS 中，CN 值是土地利用/覆盖水文参数中唯一用于描述降雨-径流的参数，反映了流域下垫面单元的产流能力，这个参数是土地利用类型、土壤水文单元组、前期土壤湿润程度等下垫面因素的函数。CN 值在降雨一定的条件下，土地利用类型 CN 值越大，降水入渗越小。模型校正参数给出的 CN 值为土壤平均湿润情况下的 CN 值（CN_2）。

选用 2010 年实测径流和水库水量数据对模型参数进行校准。校准后的参数取值范围见表 5.4，调整的两个校准参数 CN_2 增加 3%，SOL_AWC 减小 0.04，表 5.4 中 CN_2 和 SOL_AWC 为 40 个子流域的平均值。图 5.2 和图 5.3 为校准期径流量对比图，在校准过程中发现，当径流量太小时，模拟结果几乎为 0，而对于降雨量大的径流模拟结果较好。

表 5.4　　　　　　　　　　模　型　参　数　最　终　值

参　　数	取值范围	参数值
土壤蒸发补偿系数 $ESCO$	0～1	0.362
SCS 径流曲线数 CN_2	−7%～12%	0.685
地下水再蒸发系数 $RWVAPC$	0～1	0.137
基流 a 系数 $ALPHA\_BF$	0～1	0.347
土壤有效持水率 SOL_AWC	0～1	0.318

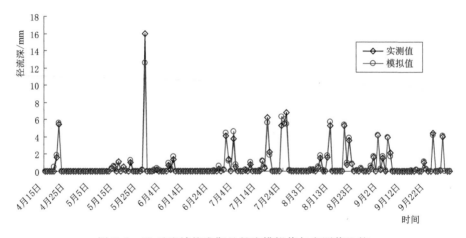

图 5.2　38 子流域校准期日径流模拟值与实测值比较

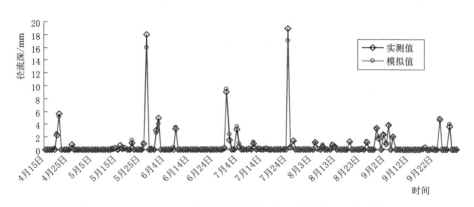

图 5.3　22、24 和 40 子流域校准期日径流模拟值与实测值比较

5.2.3.3 流域地表水可供水量

通过对隆德县 1933—2008 年共 76 年的降雨系列资料统计分析，得到多年降雨变化趋势如图 5.4 所示。

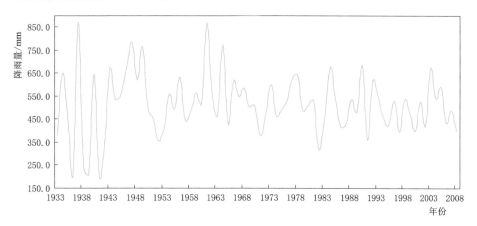

图 5.4 隆德县 1933—2008 年降雨变化趋势

通过频率分析可知，$P=25\%$ 保证率情况为 617.2mm（1966 年），$P=50\%$ 保证率情况为 510.7mm（1980 年），$P=75\%$ 为 433.4mm（1983 年），见表 5.5。

表 5.5 不同保证率降雨月均分布

年份	降雨量/mm												
	1	2	3	4	5	6	7	8	9	10	11	12	全年
1966	2.0	2.2	11.6	28.5	29.1	71.7	194.9	78.7	159.8	28.6	7.1	3.0	617.2
1980	0.8	7.2	10.3	9.4	34.0	83.3	214.5	47.0	57.9	45.0	1.3	0.0	510.7
1983	4.4	3.8	17.8	28.2	78.5	74.8	26.5	65.1	84.9	43.9	2.8	2.7	433.4

假设在不同降雨保证率情况下，土地利用/植被覆盖和土壤类型均未发生变化，通过将频率为 $P=25\%$（1966 年）、$P=50\%$（1980 年）和 $P=75\%$（1983 年）的日气象资料输入校正后的 SWAT 模型中，模拟出不同保证率情况下好水川流域当地径流量，见表 5.6。

表 5.6 不同保证率好水川流域径流量预测结果

频率/%	降雨量/mm	径流深/mm	径流量/(10^6 m³)
25	617.2	135.8	13.85
50	510.7	91.9	9.37
75	433.4	73.7	7.52

5.3　三河源地区 SWAT 模型应用

构建 SWAT 水文模型所需的数据分为空间数据和属性数据两大类，在模型建模过程中除了用来进行流域水系生成及子流域划分的 DEM 数据以外，还需要土壤数据、土地利用数据及气象数据，DEM 等空间数据需统一投影，土壤数据、土地利用数据及气象数据则需要进行一定的计算构建相应的数据库后，才能作为模型输入数据来驱动模型运行，而构建数据库的质量是模型是否能够成功运行的关键，因此，数据库在建模中极为重要。

使用的土壤数据为基于 HWSD 的中国土壤数据集，HWSD 将土壤分为两层，直接采用了 USDA 粒径级配标准，与 SWAT 模型自带土壤数据标准相匹配，不需要转换土壤粒径即可直接使用，而且许多土壤参数可以直接查询HWSD 属性表得到，减少了构建土壤数据库的繁杂步骤。在此基础上，根据分类标准对土壤空间分布图进行重分类处理。

使用 SWAT 模型分别对泾河流域、清水河流域和葫芦河流域进行月径流模拟，根据水文过程选取对模拟径流有影响的参数输入，利用 SUFI-2 优化算法对这些参数进行全局敏感性分析，SUFI-2 优化算法综合考虑了不确定性的来源。T 表示各个参数的敏感性，T 的绝对值越大则表明该参数越敏感；P 表示敏感性的显著性，值越接近于 0 则越好，当 P 和 T 达到相对最佳值时就能到相对较好的参数范围，最后通过 NSE 和 R^2 来量化模拟值与实测值之间的拟合程度，以此评价水文模型在流域上的适用性。

5.3.1　张家山流域 SWAT 模型应用

泾河流域以张家山水文站实测径流数据进行模型参数率定和验证，张家山站控制的流域面积占泾河流域面积 95% 以上。以 2003—2005 年为预热期，2006—2012 年为率定期，2013—2016 年为验证期进行月径流模拟。使用 SUFI-2 优化算法进行参数敏感性分析，表 5.7 是 SWAT 模型在泾河流域比较敏感的参数，表中的排序为敏感性排序。由表 5.7 可知，参数 CN_2、$ESCO$、SOL_AWC 比较敏感。

表 5.7　　　　　　　　　　　模型参数敏感性分析及调整值

排序	参数	定　义	调整值
1	CN_2	SCS 径流曲线数	0.564
2	SOL_AWC	土层有效水容量	0.407
3	CH_K_2	主河道冲积层有效导水率	6.221

续表

排序	参数	定 义	调整值
4	*ESCO*	土壤蒸发补偿因子	0.683
5	*ALPHA_BNK*	河岸调蓄基流因子	0.326
6	*GW_DELAY*	地下水延迟系数	269.375
7	*ALPHA_BF*	基流因子	0.951
8	*GW_REVAP*	地下水再蒸发系数	0.080
9	*REVAPMN*	浅层地下水再蒸发系数	250.308
10	*GWQMN*	浅层地下水径流参数	1804.41
11	*SOL_BD*	湿容重	0.783
12	*SOL_K*	饱和水力传导率	0.537

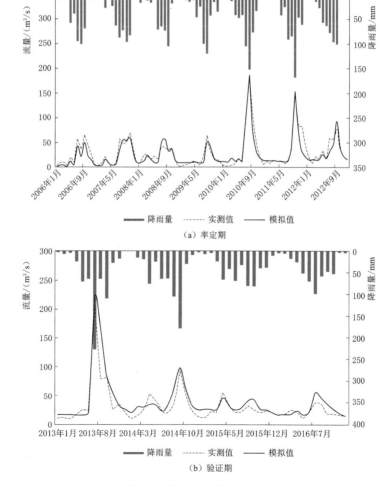

图 5.5　张家山站模拟过程图

从图 5.5 中率定期、验证期模拟对比结果可知，2008 年模拟值与实测值拟合度一般，峰值拟合较差；2009 年后峰值拟合较好，春季、冬季模拟径流略大于实测值，整体来看月径流模拟值与实测值十分接近。率定期的 NSE 为 0.85，R^2 为 0.89；验证期的 NSE 和 R^2 分别为 0.78 和 0.83，两个时期内模拟的径流变化曲线与实测的拟合程度很好，能够模拟出时段内的基本变化趋势、变化过程和峰值，与观测值基本吻合，说明 SWAT 水文模型在该流域的模拟能力比较好。

5.3.2　秦安流域 SWAT 模型应用

图 5.6 为葫芦河流域秦安水文站率定期和验证期实测月径流和模拟值的对比过程图，使用 SUFI-2 优化算法进行参数敏感性分析，表 5.8 是在该流域比较敏感的参数，排序为敏感性排序。可以看出率定期内模拟值与观测值序列拟合很好，能够模拟出整个时期的径流基本变化过程，峰值模拟有一定的差距，降水年内变化较多的年份模拟效果一般。率定期的 NSE 和 R^2 分别为 0.77 和 0.81，模拟比较准确，符合实际情况；验证期 NSE 和 R^2 分别为 0.71 和 0.73，表明经过率定后的模型可以应用于在该流域。

表 5.8　　　　　　　　　　　模型参数敏感性分析及调整值

排序	参数	定义	调整值
1	CN_2	SCS 曲线数	-0.569
2	$ESCO$	土壤蒸发补偿因子	0.202
3	SOL_K	饱和水力传导率	0.713
4	$ALPHA\_BNK$	河岸调蓄基流因子	0.359
5	GW_REVAP	地下水再蒸发系数	0.166
6	CH_N_2	主河道曼宁系数	25.255
7	$ALPHA\_BF$	基流因子	0.621
8	$REVAPMN$	浅层地下水再蒸发系数	245.257
9	SOL_AWC	土层有效水容量	0.318
10	GW_DELAY	地下水延迟系数	55.606
11	$TIMP$	积雪温度滞后系数	0.644
12	$EPCO$	植物吸收补偿因子	0.876

5.3.3　泉眼山流域 SWAT 模型应用

为了验证 SWAT 水文模型在清水河流域的适用性，以泉眼山水文站作为径流模拟站，取 2006—2012 年为率定期，2013—2016 年为验证期来验证模型

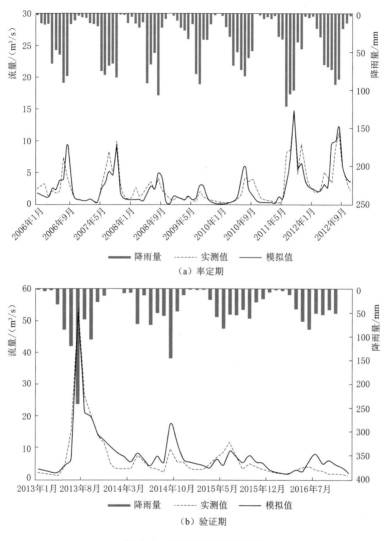

（a）率定期

（b）验证期

图 5.6 秦安站模拟过程图

的模拟能力。图 5.7 为泉眼山流域率定期和验证期实测月径流和模拟值的对比过程图，SUFI-2 优化算法进行参数敏感性分析，表 5.9 是在清水河流域比较敏感的参数，排序为敏感性排序，比较敏感的参数有 CN_2、$SOLAWC$、$ALPHA\_BF$。率定期内 SWAT 模型基本能够模拟出径流的变化过程，汛期径流模拟得相对较好，非汛期模拟月径流与实测值相近，但没有模拟出其变化过程，总体而言模拟出了径流基本的月变化过程。率定期 NSE 和 R^2 分别为 0.61 和 0.65，率定期内模型在清水河流域的月径流模拟效果很好；验证期对于泉眼山水文站月径流模拟的 NSE 和 R^2 分别为 0.58 和 0.6，模拟效果一般，非汛期模拟月径流小于实测值，该流域受植被、土壤影响较大，下垫面情况比较复杂，模拟效果比泾河、葫芦河流域略差，总休来看模拟效果可以接受。

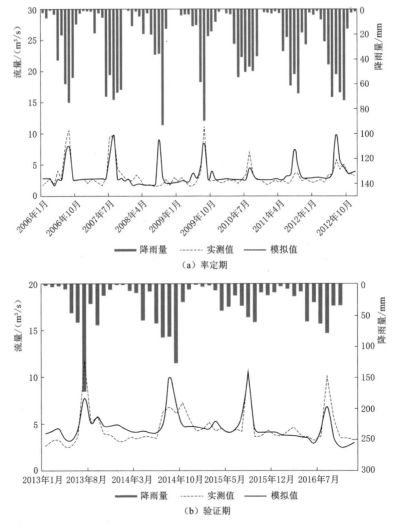

图 5.7　泉眼山站模拟过程图

表 5.9		模型参数敏感性分析及调整值	
排序	参数	定义	调整值
1	CN_2	SCS 曲线数	0.250
2	SOL_AWC	土层有效水容量	−0.652
3	$ALPHA\_BF$	基流因子	0.03

续表

排序	参数	定义	调整值
4	ALPHA_BNK	河岸调蓄基流因子	0.141
5	SMTMP	融雪基准温度	9.303
6	SOL_BD	湿容重	0.041
7	TIMP	积雪温度滞后系数	0.580
8	GW_DELAY	地下水延迟系数	516.014
9	ESCO	土壤蒸发补偿因子	0.843
10	GWQMN	浅层地下水径流系数	59.375
11	CH_N_2	主河道曼宁系数	0.189
12	GW_REVAP	地下水再蒸发系数	0.047
13	SOL_K	饱和水力传导率	−0.235
14	REVAPMN	浅层地下水再蒸发系数	378.360

上述结果表明，SWAT 水文模型可以用于清水河流域、葫芦河流域、泾河流域的径流模拟，率定后的模型参数可以作为最佳参数带入 SWAT 模型以便研究不同未来情景下径流的变化。

5.4 本章小结

本章对 SWAT 模型的陆地水文循环过程、河道水文循环过程、地表径流计算、坡面汇流计算、壤中流计算、地下径流计算和蒸散发计算进行了介绍，以好水川流域为研究区从基础数据准备、数据库构建以及结果分析进行了建模过程的介绍，最后选择三河源区的张家山、秦安、泉眼山流域进行了 SWAT 模型的应用。

第 6 章

CASC2D 模型

6.1 模型介绍

CASC2D（CASCade 2 Dimensional）模型是一个具有代表性的基于物理基础的分布式水文模型，它充分结合了以地理信息系统为基础获得的各类高精度数据，现已在国内外多个流域获得了良好的应用和深入的研究。模型最初的理论和结构由美国科罗拉多大学的学者们提出，通过对二维坡面汇流计算方法的探索，Julien 以 APL（array processing language）设计并编写了基于有限显示差分格式的二维坡面汇流计算程序，将坡面水流的汇流过程划分为水平面上的两个方向分别进行演算。Saghafian 教授随后将 APL 程序转化为 Fortran 语言，并在此基础上增加了基于 Green - Ampt 下渗模型的下渗计算程序和一维有限显示扩散波河道汇流计算程序。1992 年，美国怀俄明大学的 Ogden 教授对原有的河道汇流计算方法做了研究和改进，增加了基于 Preissmann 隐式差分格式的计算方法，将模型由 C 语言进行了编写。1995 年，CASC2D 模型增加了植物截留计算、土壤水蒸散发程序和基于土壤水重分布技术的连续计算程序。2004 年美国陆军工程研发中心的水文学家 Downer 与 Ogden 引入理查德方程对模型的产流方程进行改进，并增加了基于承压水非稳定流运动基本微分方程的地下水汇流计算，模型正式改名为 GSSHA（gridded surface subsurface hydrologic analysis）模型。CASC2D 模型是一个具有连续模拟能力的动态物理模型，根据获得的流域数据及划分的网格大小，能够将每一个网格作为计算单元实现分布式的计算过程。

6.1.1 降雨截留和蒸散发

CASC2D 模型根据选择的 DEM 网格精度对流域进行网格划分，在一次降雨中先计算每个网格单元上的降雨量，若仅有一个雨量站时，则网格单元上的降雨强度均与雨量站的实测值相同，即降雨的空间分布是均匀的；若流域上的雨量站不止一个时，通过距离平方倒数法将降雨不均匀地插值在每一个网格上。

$$i^t(j,k) = \frac{\sum\limits_{m=1}^{NRG} \dfrac{i_m^t(jrg,krg)}{d_m^2}}{\sum\limits_{m=1}^{NRG} \dfrac{1}{d_m^2}} \tag{6.1}$$

式中：$i^t(j,k)$ 为在 t 时网格 (j,k) 处的降雨强度，mm/h；$i_m^t(jrg,krg)$ 为网格 (jrg,krg) 处的实测降雨强度，mm/h；d_m 为 (j,k) 和 (jrg,krg) 两个网格间的距离；NRG 为雨量站数量。

当降雨落到植被时，部分降雨在植被冠层表面受到多种力（如吸着力、承托力、水分重力以及表面张力）的作用缓慢或停止运动直到蒸发，这部分不参与下渗和径流的降雨称为截留损失，因此在计算下渗前应首先从降雨中扣除降雨截流损失。

$$I = f_{lc} S_{cmax}(1 - e^{-C_{vd}P_{cum}/S_{cmax}}) \tag{6.2}$$

式中：I 为植被累计截留量；f_{lc} 为植被覆盖率；P_{cum} 为累计降雨量；C_{vd} 为植被密度的矫正因子；S_{cmax} 为植被截留能力，即植被最大截留量。

土壤水分的实时蒸散发可以采用彭曼-蒙特斯（Penman - Monteith）法或裸土蒸发模型来计算。其中前者适用于植被覆盖率较高的流域，后者适用于处于非生长期或植被覆盖率较低的流域。在降雨过程中，区域内的空气湿度极高而土壤水分的蒸散发强度相对较小，通常可以不考虑蒸散发损失在次洪模拟过程中造成的影响。

$$E = \frac{1}{\lambda}\left[\frac{\Delta A^* + \dfrac{\rho_a c_p}{r_a}(e_s - e)}{\Delta + \left(1 + \dfrac{r_c}{r_a}\right)}\right] \tag{6.3}$$

$$E = \rho_a C_H u_a \alpha^*[q_{sat}(T_g) - q_a] \tag{6.4}$$

式中：λ 为蒸散发潜热；Δ 为饱和水汽压-温度曲线斜率；r_a 为水汽从表面向参考面 Z 运移过程中受到的空气动力阻力；r_c 为水分从蒸发表面向冠层表面运移过程中受到的冠层阻力；ρ_a 为空气密度；c_p 为恒压下的比热；$e_s - e$ 为蒸气压差；A^* 为有效能量；u_a 为地表以上 2m 处的风速；C_H 为适用于裸土的无量纲水分传递系数；$q_{sat}(T_g)$ 为饱和比湿；q_a 为比湿；α^* 为湿润因子。

6.1.2　下渗计算

6.1.2.1　Green - Ampt 下渗模型

在降雨开始的初期，扣除植被截留量和初始损失量后的降雨强度小于土壤下渗强度。随着降雨时间的累积，土壤含水量不断增加，下渗强度则不断减小。在一个网格单元上，当降雨强度大于下渗强度时，降雨就会在地表产生径流。因为降雨和下渗均会随时间和空间的变化而变化，在计算时需要同时对所有的网格单元进行分布式的下渗计算。下渗强度和累积下渗量的计算采用 Green - Ampt 方程，其参数能够较好地对应各种土壤类型，充分考虑了土壤的空间分布不均匀性。

$$f = K_s \left[\frac{H_c(\theta_e - \theta_i)}{F} + 1 \right] \tag{6.5}$$

式中：f 为下渗强度，mm/h；K_s 为饱和水力传导度，cm/h；H_c 为毛管水头，cm；θ_e 为土壤有效孔隙率；θ_i 为土壤初始含水量；F 为累积下渗量，mm。

根据式（6.5），能够看出每一时段的下渗强度和该网格单元的累积下渗量相关，且均随时间的变化而变化，可以将时段内中间时刻的下渗强度设为该时段的下渗强度，对式（6.5）的形式稍作变化得到以下计算公式：

$$f^{t+\Delta t} = K_s \left[\frac{H_c(\theta_e - \theta_i)}{F^t + \dfrac{\Delta t}{2} f^{t+\Delta t}} + 1 \right] \tag{6.6}$$

式中：Δt 为选择的计算步长，s；F^t 为 t 时刻水分在土壤中的累积下渗量，mm。

考虑到等式两端均有随时间变化的下渗强度 $f^{t+\Delta t}$，且方程是相对于时间变量的隐格式，阿尔及利亚的 Li 于 1976 年推导得出了方程的显示解如下：

$$\Delta F = -\frac{(2F^t - K\Delta t)}{2} + \frac{\left[(2F^t - K\Delta t)^2 + 8K\Delta t(\delta + F^t) \right]^{\frac{1}{2}}}{2} \tag{6.7}$$

令 $P_1 = (K_s \Delta t - 2F^t)$，$P_2 = (K_s F^t + K_s H_c M_d)$，其中 $M_d = \theta_e - \theta_i$，表示单位体积的土壤缺水量。通过简化方程 $f^{t+\Delta t}$ 的解如下：

$$f^{t+\Delta t} = \frac{1}{2\Delta t} \left[P_1 + (P_1^2 + 8P_2 \Delta t)^{\frac{1}{2}} \right] \tag{6.8}$$

6.1.2.2　考虑土壤水重分布的 Green - Ampt 下渗模型

连续降雨条件下的 Green - Ampt 方程可以较好地对土壤水下渗过程进行模拟，在自然条件下通常一次降雨过程需要分为雨前、雨中、雨后三个部分，而降雨期通常还包括数段降雨间歇期，这个时间段内的土壤水重分布过程对霍顿产流产生非常重要的影响。在非连续降雨区域，如果采用 Green - Ampt 方程进行下渗强度和累计下渗量的计算会导致第二次和之后数次的结果偏小，因为它没有考虑降雨间歇期的土壤水重分布过程。Gardner 等最早通过一维土柱试验研究在供水停止后土壤含水率的重分布过程。Corradini 等基于 Parlange 三参数下渗方程建立了复杂降雨条件下的下渗计算和土壤水重分布计算模型。1997年，Ogden 和 Saghafian 将基于土壤水重分布计算的 Green - Ampt 下渗方程引入 CASC2D 模型。非饱和流的达西定律可以通过以下方程计算得到：

$$\frac{\mathrm{d}\theta_0}{\mathrm{d}t} = \frac{1}{Z}\left[r_h - K_i - \left(K_0 + \frac{K_s G(\theta_i, \theta_0)}{Z}\right)\right] \tag{6.9}$$

式中：θ_0 为土壤表面的含水量；Z 为湿润锋的深度；r_h 为间歇期的降雨强度，一般小于等于 K_s；K_i 为土壤含水量是 q_i 时的不饱和水力传导度；K_0 为土壤含水量是 q_0 时的不饱和水力传导度；$G(\theta_i, \theta_0)$ 为土壤含水量处于 θ_i 和 θ_0 之间的不饱和毛管水头。

根据 Brooks 和 Corey 对不饱和水力传导度的分析，能够获得 K_i 和 K_0 两个变量的值。结合于 1964 年提出的 Brooks - Corey 水力模型可以将土壤水力函数的闭合形式写为

$$S = \left(\frac{h}{h_v}\right)^{-\lambda} \quad h < h_v \tag{6.10}$$

式中：S 为土壤水饱和度；h 为毛管水头；λ 为土壤气孔大小的分布指数；h_v 为湿润锋面处的压力水头。

其中：

$$S = \frac{\theta - \theta_r}{\theta_s - \theta_r} \tag{6.11}$$

式中：θ 为土壤孔隙度；θ_s 为土壤含水量；θ_r 为土壤剩余水容量。

可以用 S 和 K_s 间的关系进一步推导得出不饱和水力传导度的计算公式：

$$K = K_s \times S^{-\rho-2-2\lambda} \tag{6.12}$$

式中：ρ 为水流在土壤中流动的弯曲程度的特定参数，一般取值为 0.5。

$G(\theta_i, \theta_0)$ 的值可以用下式等比例地缩放湿润锋毛管水头进行计算：

$$G(\theta_i, \theta_0) = H_c\left(\frac{\Theta_0^{3+\frac{1}{\lambda}} - \Theta_i^{3+\frac{1}{\lambda}}}{1 - \Theta_i^{3+\frac{1}{\lambda}}}\right) \tag{6.13}$$

式中：Θ 为相对土壤含水量；Θ_0 为土壤含水量为 θ_0 时的相对土壤含水量；Θ_i 为土壤含水量为 θ_i 时的相对土壤含水量。

CASC2D 模型在第一次降雨间歇期前的下渗强度用最初的 Green - Ampt 下渗方程进行计算，并基于不饱和毛管动力方程计算了矩形土壤水的重分布

过程。降雨间歇期过后，仍采用 Green-Ampt 方程计算土壤含水量在 θ_0 和 θ_e 间的下渗强度。

6.1.3　坡面汇流计算

模型的坡面汇流计算以霍顿坡面流为基础，当网格单元上某一时刻的降雨强度大于瞬时下渗强度时，降雨累积在网格单元上，扣除下渗后的降雨量就会流向地势更低的网格单元，在坡面汇流计算过程中结合二维有限显式差分格式的扩散波方程和曼宁公式，在水平方向上分为两个方向分别计算每个网格单元上的流量，再进一步利用连续方程推导出每个网格单元上的累计水深。根据选择的 DEM 网格大小将流域划分为数个网格单元，对所有的网格单元均需设定相应的参数。模型假定每个网格单元是均匀的，即每个网格单元上的参数值是均匀分布的。实际计算中则以网格中心线代替水平面上的两个流向，描述坡面汇流的控制方程如下：

$$\frac{\partial h}{\partial t}+\frac{\partial q_x}{\partial x}+\frac{\partial q_y}{\partial y}=R_e \tag{6.14}$$

$$\frac{\partial u}{\partial t}+u\,\frac{\partial u}{\partial x}+v\,\frac{\partial u}{\partial y}=g\left(S_{ox}-S_{fx}-\frac{\partial h}{\partial x}\right) \tag{6.15}$$

$$\frac{\partial u}{\partial t}+u\,\frac{\partial u}{\partial x}+v\,\frac{\partial v}{\partial y}=g\left(S_{oy}-S_{fy}-\frac{\partial h}{\partial y}\right) \tag{6.16}$$

式中：h 为坡面径流深；q_x 和 q_y 为 x 和 y 方向的单宽流量；R_e 为降雨强度扣除下渗率后的净雨；$S_{o(x,y)}$ 为 x 和 y 方向上的坡度；$S_{f(x,y)}$ 为 x 和 y 方向上的摩阻比降；u 为 x 方向上的平均流速；v 为 y 方向上的平均流速；g 为重力加速度。

对于给定的坡面汇流方向，式（6.15）和式（6.16）右边为单位质量水受到的各种力的总和，左边为单位质量水随时空变化产生的加速度。根据扩散波理论，忽略惯性项可以得到扩散波水流方程。

$$S_{fx}=S_{ox}-\frac{\partial h}{\partial x} \tag{6.17}$$

$$S_{fy}=S_{oy}-\frac{\partial h}{\partial y} \tag{6.18}$$

采用曼宁公式计算单宽流量，假定全流域中的水流处于紊流状态并给定参数值。

$$q_{(x,y)}=\alpha_{(x,y)}h^{\beta} \tag{6.19}$$

$$\alpha_{(x,y)}=\frac{1}{n_s}\left|S_{f(x,y)}\right|^{\frac{1}{2}}\frac{S_{f(x,y)}}{\left|S_{f(x,y)}\right|} \tag{6.20}$$

$$\beta=\frac{5}{3} \tag{6.21}$$

式中：n_s 为坡面汇流曼宁糙率系数；$\dfrac{S_{f(x,y)}}{|S_{f(x,y)}|}$ 是用来确定水流流向的。

6.1.4 河道汇流计算

河道汇流计算采用一维明渠水流连续方程计算公式，并假定河道中的水流为紊流，采用曼宁公式进行流量演算。河道水流控制方程如下：

$$\frac{\partial A}{\partial t}+\frac{\partial Q}{\partial x}=q \tag{6.22}$$

$$Q=\frac{1}{n_c}AR^{\frac{2}{3}}S_f^{\frac{1}{2}} \tag{6.23}$$

式中：A 为水流过水断面面积；Q 为河道总流量；q 为河道单宽流量；n_c 为河道汇流曼宁糙率系数；R 为水力半径；S_f 为河道摩阻比降。

其求解方法通常有两种计算方法，一种是显式格式的有限差分法，这种方法相对更适用于流域上游源头区域的模拟；另一种是 Preissmann 隐式差分法，这种方法则相对适用于缓流。两种方法都是基于河段和节点的概念，一般在树状河网中能够获得较好的模拟结果，在环状河网则相对较差。

6.1.4.1 显示格式的有限差分法

应用显示格式的有限差分法模拟河道汇流时，其根据圣维南动力方程推导得到的扩散波方程如下：

$$S_f=S_o-\frac{\partial h}{\partial x} \tag{6.24}$$

式中：S_o 为河床底坡；h 为水深；x 为水流方向。

网格单元 k 点的摩擦比降通常向 l 点进行向前差分作近似计算，其计算方法如下：

$$S_{fk}=\frac{1}{\Delta x}\left[(E_k-E_l)-(h_k-h_l)\right] \tag{6.25}$$

式中：S_{fk} 为 k 点的摩擦比降；E 为河道底部高程；Δx 为节点间距（通常设为地面网格大小）。

在一个时段内，可以根据式（6.22）和式（6.23）中的显示计算方法获得所有网格单元的流量，通过获得的流量则可以进一步计算每个网格单元的水量变化情况，随后结合每个网格单元的水量变化情况计算得到该网格单元的河道水深。网格单元在某一时刻的水量变化情况可以根据以下公式得出：

$$V_i=Q_{i-1}-Q_i+\Delta x q_i \tag{6.26}$$

式中：V_i 为网格单元 i 处的水量；Q_{i-1} 和 Q_i 为网格单元 $i-1$ 到网格单元 i 的流量；Q_i 为网格单元 i 到网格单元 $i+1$ 的流量。

河道中每个网格单元的过水断面面积和水量均随时间变化，将河道水深

作为变量的函数可以表示为

$$A = A(h) \tag{6.27}$$

$$V_i = A(h)\Delta x \tag{6.28}$$

结合式（6.26），河道水流的连续方程进一步表示为

$$\frac{\mathrm{d}A_i(h)}{\mathrm{d}t} = \frac{Q_{i-1} - Q_i}{\Delta x} + q_i \tag{6.29}$$

当经过时段 $\mathrm{d}t$ 后，新的过水断面面积 $A_i^{t+\Delta t}$ 可以通过下式计算：

$$A_i^{t+\Delta t}(h) = \left(\frac{Q_{i-1}^t - Q_i^t}{\Delta x} + q_i^t\right)\Delta t + A_i^t \tag{6.30}$$

对于一个河道断面，河道水深和过水断面面积之间满足一定的函数关系 $A(h)$，可以根据得到的过水断面计算出河道水深。

6.1.4.2　Preissmann 隐式差分法

1994 年，Ogden 应用 Preissmann 隐式差分法对美国俄克拉荷马州东北地区的 Creek 流域（流域面积 $2500\mathrm{km}^2$）内河道长度超过 1000km 的流量过程进行了模拟，获得了相对较好的模拟结果。通常认为该方法能够在面积大且水流坡度不超过 0.3% 的平坦流域取得非常好的模拟效果。

经过简化的 Preissmann 四点隐式差分形式如下：

$$f\,|_M = \frac{(f_{j+1}^n + f_j^n)}{2} \tag{6.31}$$

$$\frac{\partial f}{\partial x}\bigg|_M = \theta\,\frac{(f_{j+1}^{n+1} - f_j^{n+1})}{\Delta x} + (1-\theta)\left(\frac{f_{j+1}^n - f_j^n}{\Delta x}\right) \tag{6.32}$$

$$\frac{\partial f}{\partial t}\bigg|_M = \frac{f_{j+1}^{n+1} + f_j^{n+1} - f_{j+1}^n - f_j^n}{2\Delta t} \tag{6.33}$$

基于简化的 Preissmann 四点隐式差分形式对圣维南方程组进行离散计算可得：

$$Q_{j+1}^{n+1} - Q_j^{n+1} + C_j Z_{j+1}^{n+1} + C_j Z_j^{n+1} = D_j \tag{6.34}$$

$$E_j Q_j^{n+1} + G_j Q_{j+1}^{n+1} + F_j Z_{j+1}^{n+1} - F_j Z_j^{n+1} = \phi_j \tag{6.35}$$

式中：C_j、D_j、E_j、F_j、G_j、ϕ_j 均为常系数，可以通过初值计算得到；Z 为断面水位；Q 为流量；

同一维有限显式扩散波差分法类似，Preissmann 隐式差分法在树状河网的模拟结果更好。两种方法最大的区别是 Preissmann 隐式差分法在应用中每个网格单元均需要设定初始水深，因此所有的一级河道上游边界条件是一个大于零且极小的常数入流值。Preissmann 隐式差分法的优点是计算效率高，其求解方法可以有多种选择（如追赶法、牛顿迭代法等）；其缺点是当佛罗德数接近 1.0 时，模型的计算结果不够稳定，因此在 CASC2D 模型中应用较少。

6.1.5 模型流程图和参数

CASC2D 模型以质量、能量、动量方程为依据对流域内的产汇流计算过程进行描述，基于连续方程对流域内的水量、能量变化过程进行描述，同时充分结合了水文响应和水文参数的时空分布不均匀性，是先进的且具有代表性的水文模型之一。CASC2D 模型计算流程如图 6.1 所示。

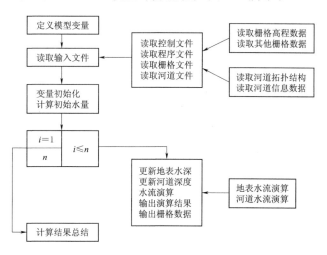

图 6.1　CASC2D 模型计算流程

CASC2D 模型参数见表 6.1，其中 L 可以根据实测值进行估计，I 根据流域植被覆盖情况进行给定。n_s 和 n_c 与流域下垫面属性相关，可以根据选择的 DEM 数据进行估算，但是不同 DEM 分辨率和提取河道时选择的河道阈值都会对下垫面的坡度和河道坡度产生一定的影响。K_s、H_c、M_d 均直接影响降雨入渗计算，其值与流域土壤类型有关，可以通过实测值给定初值，但不同的降雨精度对参数影响较大。

表 6.1　　　　　　　　　　　CASC2D 模型参数

功能	参数	物　理　含　义
产流	K_s	饱和水力传导度（cm/h）
	H_c	毛管水头（cm）
	M_d	土壤缺水量
	I	植被截留量（mm）
汇流	n_s	坡面汇流曼宁糙率系数
	n_c	河道汇流曼宁糙率系数
	L	河宽（m）

6.2　参数敏感性分析及误差和变量分析

6.2.1　参数敏感性分析

敏感性分析通常有局部敏感性分析和全局敏感性分析两种方法，一种是对单个参数在局部范围内变化时对模型模拟结果的影响，另一种则是对多个参数同时变化时对模型模拟结果的影响。局部敏感性分析工作量小、方便快捷，但是不能充分对模型参数的空间分布形态进行描述，也不能考虑各个参数之间的相互作用。常用的局部敏感性分析法有一次一个变量法（one variable at a time approach，OAT）和微分分析法（differential analysis），常用的全局敏感性分析法有回归分析法、Morris 筛选法、Sobol 法、FAST 法和 RSA 法等。

本书采用 OAT 法进行参数敏感性分析，结合几个流域参数的变化情况，选择 K_s、H_c、M_d、n_s、n_c 和 L 作为主要研究参数，选择马渡王流域 3 号洪水过程及其参数为例，通过控制变量的方法，逐个改变参数的取值，以初始参数模拟得到的洪水流量过程线为标准，分析每一个参数的变化对 D_q、D_t 和 NSE 的影响。

OAT 法的基本原理是分别计算每个参数在其最佳估值附近发生微小变化（如增减 10%）时对模型模拟结果的影响，其模拟结果变化率的绝对值可以代表参数的敏感性。选择表 6.1 中的参数，对每个参数的值递增或递减 10%，重复数次，其参数值列于表 6.2。

表 6.2　　　　　　　　　　　　敏感性分析参数选择

参数	递减 10%			初值	递增 10%		
K_s/(cm/h)	0.007	0.008	0.009	0.010	0.011	0.012	0.013
H_c/cm	1.4	1.6	1.8	2.0	2.2	2.4	2.6
M_d	0.14	0.16	0.18	0.20	0.22	0.24	0.26
n_s	0.087	0.097	0.108	0.120	0.132	0.145	0.160
n_c	0.073	0.081	0.090	0.100	0.110	0.121	0.133
L/m	109.35	121.50	135.00	150.00	165.00	181.50	199.65

将表 6.2 中的参数分别针对所选场次进行模拟，共进行 36 次模拟，为了分析模拟结果变化的情况，以初值条件下的模拟结果为基准，其洪峰流量比值（R_q）和 NSE 记为 1，D_t 则记为 0，其余参数条件下的模拟结果与初值进行对比，R_q 和 NSE 的变化以比值的形式进行表示。分别将每个参数在变化范围内获得的模拟结果的最大值和最小值的差值列于表 6.3。将模拟结果的最

大值和最小值的差值与参数值变化范围的比值列于表 6.4。分别绘制 R_q、D_t 和 NSE 随每个参数变化的散点图（图 6.2）。

表 6.3　　　　　　　　　　参数变化下模拟结果的最大差值

评定标准	K_s/(cm/h)	H_c/cm	M_d	n_s	n_c	L/m
R_q	0.22	0.13	0.07	0.33	0.28	0.05
D_t/h	0	0	0	3	4	0
NSE	0.25	0.09	0.05	0.19	0.15	0.03

表 6.4　　　　　　　　　　单位参数变化下的模拟结果

评定标准	K_s	H_c	M_d	n_s	n_c	L
R_q	36.667	0.108	0.583	4.568	4.651	0.001
D_t	0	0	0	41.528	66.445	0
NSE	41.667	0.075	0.417	2.630	2.492	0

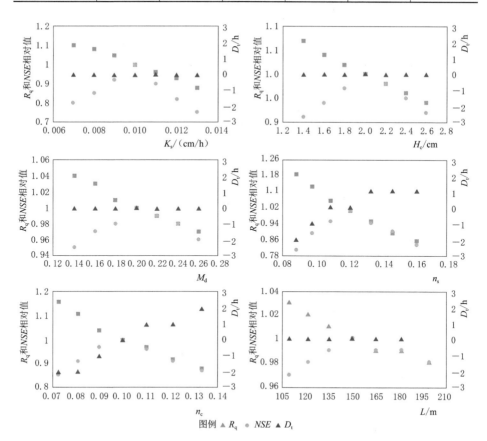

图 6.2　模拟结果随参数的变化

从表 6.3 和图 6.2 的对比结果可以看出，K_s、H_c、M_d 作为产流参数仅对各个时刻的洪量计算产生影响，在一定范围内，K_s 的影响程度最大，M_d 最小。n_s、n_c、L 作为汇流参数，对汇流计算产生影响的同时，也对洪量计算产生影响，且 n_s、n_c 的影响程度远远大于 L。对于参数率定过程而言，在开始阶段调整参数往往需要对参数有一个较大幅度的改变，从表 6.4 可以看出参数变化一个单位对模拟结果的影响，K_s 对流量计算有主导性作用，而 n_s、n_c 对汇流计算有主导性作用，作为评判模拟标准的 NSE 则主要受 K_s 的控制，其次是 n_s、n_c。因此在参数率定的开始，需要先进行产流参数率定，后进行汇流率定，才能够极大地提高参数率定效率。

6.2.2　误差和变量分析

6.2.2.1　误差分析

CASC2D 模型的模拟结果均能够满足洪水预报的要求，尤其是在 D_q 的模拟中获得了很高的精度。但是依然有许多不足以及提升空间，其误差产生的原因主要有以下几个方面：

（1）降雨数据精度为 1h 或 0.5h，但是其中部分场次或时段的降雨数据由 3h 或 6h 降雨数据线性插值而来，不能够准确地描述降雨的时间分布。除此之外，采用距离平方倒数法对降雨进行空间分布的插值也无法完全准确地反映降雨的空间分布不均匀特性。

（2）由于计算时间和参数率定效率的要求，不能够在较大的流域中采用精度较高的 DEM 对流域进行网格化的描述，重采样得到的 DEM 以及生成的水系形状和特征均与实际有误差，影响了模型的产汇流计算过程。采用 90m×90m 分辨率的 DEM 以及 0.5h 降雨数据的舒家流域能够取得更高的精度说明了模型对输入数据精度的依赖性。

（3）参数率定方法很大程度依赖于对模型应用的经验以及模型模拟效率，较快的计算效率即使是人工率定的方法也能够找到较为准确的参数值，反之，有可能找的参数只是局部最优参数值而不是全局最优参数值。

（4）模型本身是建立在 Green - Ampt 下渗方程的基础上进行产流计算的，并没有考虑壤中流和地下径流过程。因此模型只考虑了较短运动路径的地表径流，对于陡涨陡落的洪峰过程模拟较好，对于多峰洪水过程或陡涨缓落的洪水过程在退水阶段的模拟较差。

6.2.2.2　变量分析

结合参数的敏感性分析结果，本节对敏感参数和主要影响因子进行定性分析，将在后面的章节进行更具体的定量分析。

1. 计算步长

模型计算步长是模型运算时的基础计算间隔，一般与降雨数据精度和 DEM 分辨率有关，可以根据其精度结合实际需要进行给定。CASC2D 模型由于采用二维坡面汇流计算，加上参数较多且参数率定过程复杂，严重影响了模型的模拟效率，因此需要尽可能增加计算步长来减少单次模拟时间。对马渡王流域第 1 场洪水分别采用 1s、2s、6s、20s、30s 的计算步长进行试算，发现 6s 计算步长能够保证水流数值计算的稳定且计算时间可以接受（约 19min）。虽然计算步长在一定程度上能影响洪峰流量的计算以及产流参数的取值，但如果将计算步长的变化控制在一个很小的范围内，其影响非常有限。计算步长越小，理论上模拟精度越高，但是模拟时间也成倍的增加，因此需要进行试算，在保证计算效率的前提下进行计算步长的选择。

2. 土壤缺水量

M_d 反映了土壤水分在降雨前的空间分布情况，在目前的观测技术下无法得到每个网格的土壤含水量。在模型进行参数率定时，对于较小的流域，土壤含水量可以概化为一个值，对于较大的流域则进行区域性赋值。除此之外，诸多学者认为，采用的计算方法对土壤含水量的计算结果有直接影响。对蓄满产流而言，土壤含水量会对降雨径流的计算产生重要的影响；对超渗产流而言，当土壤的下渗强度和降雨强度在不同的数量级时，降雨强度对土壤含水量的影响极小，当降雨强度较小，则土壤含水量对产流的影响较为明显。当 M_d 越大时，土壤的下渗强度越大，流域的产流量会随着下渗水量的增加而减小。考虑降雨总量和下渗总量的关系，洪水量越大，下渗总量占降雨总量的比例越小，M_d 对洪水过程模拟的影响也就越小。分析洪水模拟过程中降雨强度和下渗强度的变化，M_d 会对前期涨水过程的计算产生影响，对洪峰流量的计算影响相对较小。

3. 饱和水力传导度和饱和毛管水头

K_s 和 H_c 与土壤缺水量一样均为 Green - Ampt 方程中重要的控制参数，其理论值为土壤属性的反映。一般而言 H_c 的变化范围较小，其变化控制在一个数量级之内，K_s 的变化范围较大。在实际情况中，虽然有数据给出了不同土壤种类的参数条件，但是与率定得到的参数值有很大差别，无法直接进行参数的给定。考虑到 3 个控制下渗方程参数之间的互相响应，结合各个参数变化对模拟结果的影响程度，一般控制 H_c 和 M_d 的变化，主要对 K_s 进行率定。

4. 坡面汇流糙率和河道汇流糙率

自然条件下的河道糙率是一个评价河床和边壁形状不规则与粗糙程度对水流阻力响应程度的综合指标，主要和河床及岸壁的粗糙程度、河道断面特性、岸壁地质特性、水流流态、含沙量等相关，是河道汇流模拟过程中极为敏感的参数之一。n_c 是自然条件下的河道的糙率，同时也包含了植被、水力条件、水流的平面形态等，因此，采用糙率公式得到的糙率通常不能直接在模型中进行明渠水量计算的应用。现阶段仍需要把 n_c 作为参数进行率定，其值与天然河道糙率有一定的关系，一般变化范围为 0.01～0.2。在参数率定中，n_c 越大，则水流过程更加紊乱，导致水流的动能损失更大，得到的模拟洪峰流量越小。n_s 和 n_c 相似，是坡面汇流过程中受到阻力的综合反映，其值一般大于 n_c，与流域植被、坡度、水流形态等相关。此外，选择的 DEM 分辨率也会改变坡度计算和坡面汇流的水流运动计算过程，所以 DEM 分辨率和河道阈值也在一定程度对 n_s 产生影响。

5. 河道断面宽度

河道断面宽度计算是根据已有的实测河宽以及在 Google 地图上测得的特征点的河宽，结合 TOPKIPI 模型中的矩形断面河宽计算公式进行赋值的，可以描述河宽的空间变化。河宽为通过第 i 个网格单元排水的湿润面积的函数，计算公式如下：

$$L_i = L_{max} + \left[\frac{L_{max} - L_{min}}{\sqrt{A_{tot}} - \sqrt{A_{th}}} \right] \left(\sqrt{A_{dr_i}} - \sqrt{A_{tot}} \right) \tag{6.36}$$

式中：L_{max} 为最大河宽，m；L_{min} 为对应临界面积的最小河宽，m；A_{th} 为临界面积，即形成河道所需的最小上游集水面积，m^2；A_{tot} 为总面积，m^2；A_{dr_i} 为通过第 i 个网格单元排水面积，m^2。

6. 植被截留量

植被截留量的计算有多种方法，但是其计算均依赖于土地利用类型的获取。一般均将土地利用类型分为水面、林地、草地、耕地，且认为水面截留能力最大，其次是林地、草地、耕地。更详细的分类方法如林地可分为常绿阔叶林、常绿针叶林、落叶阔叶林以及落叶针叶林等，不同的种类均对应不同的截留量，甚至不同的季节中植被对降雨的截留量也不同。因此，将截留量和蒸发量统一考虑也是一种有效且简洁的方法。

7. DEM 分辨率和河道阈值

DEM 分辨率的选择会影响网格单元的大小，同时会对坡面汇流坡度和汇流路径的计算造成一定的影响。河道阈值的选择则控制着水系数量、河道长度、河网密度等，同样会对坡面水流汇入河道的路径和河道汇流的路径产生较大的影响。当选择的 DEM 分辨率较高时，这些影响相对较小，率定得到的参数变化保持在一定范围之内，随着选择的 DEM 分辨率的降低，敏感参数的变化范围可以多达几个数量级。无论是 DEM 分辨率还是河道阈值，都会直接改变汇流过程的模拟及其参数选择。

6.3 三关口流域建模方法

6.3.1 输入信息处理

6.3.1.1 数字高程

三关口流域的数字高程资料（DEM）来自美国地质调查局（USGS）免费提供的全球 90m×90m 的原始 DEM 数据。利用 ArcGIS 软件截取三关口流域的 DEM 资料如图 6.3 所示，利用 ArcGIS 软件填洼处理后的 Filldem 如图 6.4 所示。

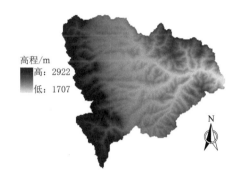

图 6.3 三关口流域 DEM

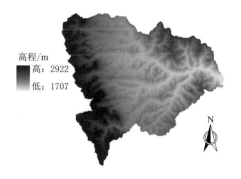

图 6.4 填洼处理后的三关口流域 Filldem

将流域划分为 289 列、278 行，共有 15175 个栅格单元。流域内最高点高程为 2922m，最低点高程为 1707m，平均高程 2134.82m，最低点高程所在的流域栅格单元正是流域出口单元。

水流方向是指水流离开每一个栅格单元时的流向，栅格水流方向的确定是进行所有数字流域水文分析的基础，在 ArcGIS 软件中，水流方向计算采用的是 D8（Deterministic eight-neighbours）法，其基本原理是：以 3×3 的栅格为计算单元，中间栅格的流向取为相邻 8 个栅格中坡度最陡的栅格。三关口流域水流方向计算结果如图 6.5 所示。

汇流累积是在确定水流方向的基础上得到的。每一个栅格的汇流累积量可以用一个特征值表示，即上游的水流方向最终汇流至该栅格的所有栅格的总数，汇流累积值越大，表示此栅格的汇流能力越强，越易形成地表径流。三关口流域汇流累积计算结果如图 6.6 所示：

6.3.1.2 河道特征

取阈值为 400，提取水系（图 6.7），并对河道和节点进行编号（图 6.8）。

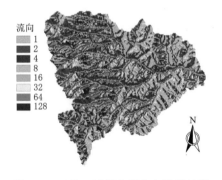

图 6.5　三关口流域水流方向计算结果

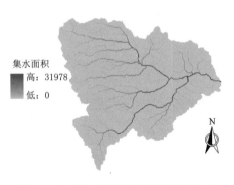

图 6.6　三关口流域汇流累积计算结果

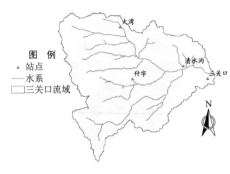

图 6.7　三关口流域水系及站点分布图

图 6.8　三关口流域河道图

6.3.1.3　土地利用资料

　　三关口流域的土地利用同样简分为三类：林地、耕地和草地。其中，草地占大部分，所占面积比例为 59.70%，林地所占面积比例为 33%，耕地所占面积比例为 7.30%。三关口流域土地利用分布如图 6.9 所示。

6.3.1.4　土壤类型资料

　　三关口流域内的土壤类型均为黑垆土（图 6.10）。

图 6.9　三关口流域土地利用分布

图 6.10　三关口流域土壤类型图

6.3.1.5　降雨、蒸发、流量资料

三关口流域内有大湾、什字、清水沟、三关口 4 个雨量站，其中清水沟与三关口同时为流量站，本书采用三关口的实测流量、沙量资料。

在小流域的次洪模拟中，由于雨期空气中水分含量接近饱和，土壤水分蒸发量相对比较小，一般不考虑蒸发损失。

本书选用 1983—1987 年的 8 场洪水进行产流过程模拟，流域站点坐标见表 6.5。

表 6.5　　　　　　　　　　　　三关口流域站点坐标

站点名称	经 纬 度 坐 标	
	经度/(°)	纬度/(°)
大湾	106.267	35.733
清水沟	106.300	35.700
什字	106.283	35.667
三关口	106.383	35.667

6.3.2　模型参数及模拟结果

水文模型的参数率定过程就是寻找模型最优参数值的过程，率定前应先确定一定的目标函数，如 NSE 最大等。常用的率定方法有两种：一种是人工试错率定法；另一种是参数自动率定法。其中，人工试错法在实践中运用较多，这是因为人工试错法是最简单且最直接的方法。人工试错法是模型使用者根据自身经验，先人为地赋予参数一个初始值，然后再根据模拟结果的好坏，改变参数，直到模拟出满意的结果。

为了克服人工试错法的缺点，在 19 世纪 70 年代晚期，人们开始采用参数自动率定方法。模型参数自动率定法，是根据数学优化法则，通过自动寻优计算，确定参数的最优值。这一类方法只要事先给出优化准则和参数初始值，整个寻优过程就会自动完成，因此具有寻优速度快、寻优结果客观等优点。有大量的文献介绍了自动率定参数的最佳策略，有的甚至已经成为一种标准方法，如单纯形法、共轭梯度法、遗传算法、模拟退火法、最速下降法、神经网络法等，参数自动率定所需要的时间部分取决于数学问题的复杂性和模拟值如何有效地反映现场数据。自动率定模型通常建立在一种算法的基础之上，并对率定的结果进行评价以确定参数是否最优，然而人工试错法并不需要设计某种算法。

CASC2D 模型参数有：植物截留深；土壤饱和水力传导度，毛管水头，土壤缺水量，土壤侵蚀因数；覆盖管理因数；实践因数；坡面的曼宁糙率系

数；河道的宽度、深度、糙率等。这些参数都是栅格式空间分布的，其中植物截留深与栅格的土地利用相关，土地利用参数见表 6.6，下渗参数与土壤类型相关，土壤类型相关参数见表 6.7。河道的宽度和深度等参数的率定应以实际资料为参考。采用人工试错法进行参数率定。

表 6.6 土 地 利 用 参 数

土地利用	截留深度/mm	糙率	覆盖管理因数	实践因数
林地	1.50	0.25	0.15	1
耕地	1.00	0.15	0.40	1
草地	0.75	0.20	0.30	1

表 6.7 土 壤 参 数 值 及 百 分 比 组 成

土壤类型	土壤参数	下渗参数		质量分数/%		
	侵蚀因数	饱和水力传导度/(cm/h)	毛管水头/cm	砂粒	粉砂粒	黏粒
黑垆土	0.7	0.202	13	0.3	0.6	0.1

产流采用 Green-Ampt 模式，首先根据流域 DEM、土地利用类型、土壤类型以及河道特征估算模型参数，而后对一些敏感的参数如土壤饱和水力传导度、毛管水头等再进行率定。产流参数率定验证好后，固定产流参数，再进行泥沙参数的率定及验证。

对三关口流域 1983—1987 年的 8 场洪水进行产流、产沙模拟。其中前 5 场洪水对模型参数进行率定，后 3 场洪水对模型进行验证。

模拟时段步长选取 2s，降雨资料的输入时段长是 0.5h，在一个时段内雨强是不变的。实测流量、沙量数据的时间间隔不均匀，采用线性插值，将实测流量、沙量资料的时段长整理为 0.5h。模型的输出时段长为计算步长的倍数，输出时段可以是 1min、5min，为了对应于整理的实测流量、沙量时段长，将模型的模拟流量、沙量输出时段长也定为 0.5h。

首先进行产流参数的率定及验证，产流模拟结果的相关特征值见表 6.8。

固定产流参数，进行泥沙参数的率定及验证。泥沙模拟结果的相关特征值见表 6.9。

从模拟结果看，模型在三关口流域的产流模拟效果较好，8 场洪水的 NSE 均在 0.70 以上，且均值为 0.79。洪峰相对误差合格率为 100%，洪量相对误差合格率为 88%，只有 198606242000 场洪水洪量相对误差不合格。产沙模拟效果良好，8 场洪水中有 7 场洪水的 NSE 在 0.70 以上，且均值为 0.78，沙峰相对误差合格率为 75%。分析原因可知：

表 6.8   CASC2D 模型产流模拟结果特征值

模型	洪号	起始时间	总雨量/mm	实测洪量/万 m³	预报洪量/万 m³	洪量相对误差/%	实测洪峰/(m³/s)	预报洪峰/(m³/s)	洪峰相对误差/%	NSE
模型率定	1	198306301230	25.05	13.81	12.20	−11.66	12.50	11.02	−12.00	0.79
	2	198309040930	32.72	18.96	17.62	−7.07	19.90	17.49	−12.11	0.78
	3	198407241530	68.45	52.30	42.85	−18.07	60.70	58.95	−2.88	0.70
	4	198505111000	36.76	30.97	30.77	−0.65	39.50	39.03	−1.19	0.84
	5	198508101330	36.18	43.02	46.39	7.83	60.00	53.72	−10.47	0.93
模型验证	6	198606242000	34.88	29.82	19.93	−33.17	19.40	19.37	−0.15	0.74
	7	198705231830	41.96	17.60	19.35	9.94	24.60	22.84	−7.15	0.70
	8	198708161730	26.15	21.38	25.40	18.80	35.90	35.35	−1.53	0.85
	均值					0.32			−5.94	0.79
	合格率					88%			100%	100%

表 6.9   CASC2D 模型产沙模拟结果特征值

模型	洪号	起始时间	总雨量/mm	实测沙峰/(m³/s)	预报沙峰/(m³/s)	沙峰相对误差/%	确定性系数
模型率定	1	198306301230	25.05	1.18	1.05	−11.31	0.82
	2	198309040930	32.72	1.73	1.61	−6.94	0.95
	3	198407241530	68.45	3.51	4.13	17.66	0.86
	4	198505111000	36.76	4.71	2.10	−55.41	0.67
	5	198508101330	36.18	5.85	5.73	−2.05	0.83
模型验证	6	198606242000	34.88	0.81	0.76	−6.17	0.72
	7	198705231830	41.96	3.00	2.05	−31.67	0.79
	8	198708161730	26.15	1.68	1.75	4.17	0.76
	均值					−11.47	0.78
	合格率					75%	88%

首先，目前气候变化对环境、水土资源等的影响已不容忽视，下垫面的改变也是必然的。但由于资料缺乏，本次研究中未能融入流域下垫面的变化信息，得到的土地利用类型及土壤类型分布不精确，即与实际情况有出入，这必然会影响到模型模拟精度。如果得到了精确的三关口流域土地利用类型及土壤类型分布，无疑会提高模型模拟的效果。

其次，在模型中采用了距离平方倒数法来反映降雨的空间差异性，由于降雨的时空分布与实际情形有一定的出入，这必然也会给模型模拟带来一定的误差。

最后，模拟得到的洪水、洪峰、沙峰及洪量均偏小。这是由于每个栅格上的降水量均由研究区域内雨量站的实测降水资料整理得到，在超渗产流模型中，要求实测资料 Δt 很小，如果 Δt 过长，则原始资料会被均化。在模型中，作者应用的降雨强度是时段平均雨强，原始记录的雨量会有一定程度的均化，雨强变小，这必然会使得模拟得到的流量和沙量偏小，洪峰、沙峰、洪量偏小。另外，模型模拟的流量、沙量输出时段步长为 0.5h，也可能会错过流量、沙量的峰值。

作为具有物理基础的分布式水文模型，CASC2D 模型的输出结果还包括流域内的水文响应状况，这些水文状况都是随时间和空间变化的序列，如流域内各点的雨强，以及地表径流深，河道水深等，对其极值进行统计，能够有助于对流域内的降雨产流以及汇流作更深入了解，流域模拟水文极值状况见表 6.10。

表 6.10　　　　　　　流域模拟水文极值统计表

洪号	起始时间	水　文　极　值			
		降雨强度 /(mm/h)	下渗深度 /mm	地面径流深 /m	河道水深 /m
1	198306301230	18.23	73.40	0.21	1.11
2	198309040930	10.10	93.17	0.35	1.40
3	198407241530	9.95	138.98	1.21	2.35
4	198505111000	11.13	86.68	0.88	2.00
5	198508101330	11.90	89.58	1.26	2.36
6	198606242000	4.45	45.05	0.51	1.38
7	198705231830	15.93	81.29	0.43	1.57
8	198708161730	16.43	38.40	0.66	1.84

由于没有详细的流域实测水文资料，无法对下渗深度、地面径流深以及河道水深等做出定量分析，只能从流域性质上分析其合理性。降雨是根据实测资料通过插值计算得到的，和流域实际状况相差不大。下渗深度是指单元网格的累积水量下渗深度，它的决定因素一个是下渗率，另一个是模拟计算的时间，由于模拟的时间是洪水历时，是确定的，因此影响下渗深度的因素主要取决于下渗率，前文提到三关口流域是半干旱半湿润流域，模型采用的 Green-Ampt 下渗模型，与流域实际的土壤水分运动是相符合的。

地面径流和河道汇流都是采用扩散波来描述水流运动的，符合流域内水流运动规律，但是 CASC2D 模型在该流域的运用中没有充分考虑壤中流和地下径流对河道水流的补给。

6.4　好水川流域建模方法

6.4.1　输入信息处理

6.4.1.1　数字高程

选取宁夏好水川流域为研究流域。采用美国地质调查局 90m×90m 分辨率的数字高程地图，利用 ArcGIS 软件截取好水川流域的 DEM（图 6.11）；将流域划分为 104 行、320 列，共有 15175 个栅格单元。流域内最高点高程为 2905m，最低点高程为 1824m，最低点高程所在的流域栅格单元正是流域出口单元。

图 6.11　好水川流域 DEM 分布

6.4.1.2　河道特征

取阈值为 100 提取水系，并对河道和节点进行编号，好水川流域河网如图 6.12 所示。

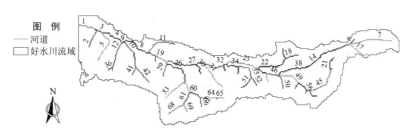

图 6.12　好水川流域河网

6.4.1.3　土地利用资料

好水川流域的土地利用同样简分为林地、水面、耕地和草地四类，所占百分比分别为 18.75%、4.84%、59.06% 和 17.34%。好水川流域土地利用类型分布如图 6.13 所示。

图 6.13　好水川流域土地利用类型分布图

6.4.1.4　土壤类型资料

流域内土壤类型均为黑垆土。好水川流域土壤类型分布如图 6.14 所示。

图 6.14　好水川流域土壤类型分布图

6.4.1.5　水文站点坐标

好水川流域内有 2 个雨量站,站点坐标见表 6.11。

表 6.11　　　　　　　　　　好水川流域站点坐标

站点名称	经 纬 度 坐 标	
	经度/(°)	纬度/(°)
杨河	105.983	35.667
张银	106.101	35.656

6.4.1.6　测站资料

由于是在栅格单元的尺度上进行计算的,所以对于各骨干坝处的流量也通过它们所处的栅格单元来计算,需要得到它所属的栅格单元。各骨干坝位置及所控制的流域如图 6.15 所示,面积汇总见表 6.12。

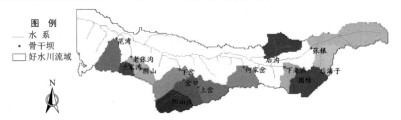

图 6.15　骨干坝位置及所控制的流域

表 6.12 骨干坝位置及所控制流域面积汇总

编号	骨干坝名称	站点所处栅格单元		控制流域面积 /km²
		行数	列数	
1	范湾	30	46	4.73
2	兰家湾	56	59	1.38
3	阴山	60	71	1.85
4	老张沟	48	61	4.74
5	阳山庄	89	101	2.20
6	张家台子	85	109	4.86
7	上岔	79	129	4.38
8	岔口	72	114	13.06
9	下岔	31	110	18.06
10	何家岔	59	175	4.33
11	后海子	60	250	3.90
12	团结	69	228	9.98
13	下老庄	59	216	12.56
14	后沟	49	196	5.29
15	张银	40	243	11.42
总计				61.13
流域出口		10	6	122.93

6.4.2 无资料地区研究方法

对于有实测径流的流域，一般是运用实际的观测数据对模型参数进行率定、验证，之后再用于径流模拟；对于无实测径流的流域，一般是采用区域化的思想，包括：①以包括所研究的无资料子流域在内的一个大的区域作为研究对象，应用该区域内其他有实测资料的流域优选模型参数，并对优选的参数值求均值，之后再移用于无资料流域；②通过地形特征推求模型参数；③应用区域回归分析推求模型参数；④直接移用临近的相似流域资料。

需要说明的是，文中的"无资料"事实上是有一些实测资料的，因为对于真正无资料的流域目前尚无法检验模拟结果的合理性。

本书选用第④种方法，将宁夏三关口流域的参数直接移用于临近无资料流域（好水川流域），检验 CASC2D 模型的水流演算模块在无资料地区的适用性。

6.4.2.1 模型参数率定

由于好水川流域与三关口流域多年平均降水量均大于 500mm、降雨年内分布均有明显的典型大陆性特点，主要集中在 6—9 月；两流域均位于宁夏六盘山地区，植被相近，流域内土壤均为黑垆土，所以，对于无资料地区——好水川流域的径流模拟，模型参数可直接移用三关口流域的参数。

6.4.2.2 模型模拟结果及分析

好水川流域缺乏径流观测值，但有长期的降雨资料，表 6.13 为好水川流域 2010 年和 2011 年降雨量汇总表。

模拟时段步长选取 2s，降雨资料的输入时段长为 1h，模拟流量输出时段长也定为 1h。

根据杨河站及张银站 2010 年和 2011 年 4—9 月的实测降雨资料，利

表 6.13　好水川流域年降雨量汇总表

年份	年降雨量/mm
2010	331.4
2011	400.6

用 CASC2D 模型中的产流模块进行降雨径流模拟，得到 15 个骨干坝处的流量过程，并计算得到日来水量，各骨干坝年来水量汇总见表 6.14。

表 6.14　　各骨干坝年来水量汇总表

编号	骨干坝名称	2010 年来水量/万 m^3	2011 年来水量/万 m^3
1	范湾	18.56	30.80
2	兰家湾	6.08	10.12
3	阴山	9.16	15.04
4	老张沟	12.97	24.89
5	阳山庄	6.78	11.19
6	张家台子	7.82	15.61
7	上岔	9.95	19.87
8	岔口	36.74	66.37
9	下岔	53.30	93.79
10	何家岔	15.16	24.57
11	后海子	11.40	18.57
12	团结	23.64	38.62
13	下老庄	22.44	41.80
14	后沟	26.04	42.27
15	张银	46.44	79.99
总　　计		194.91	338.11

由于好水川流域无实测径流资料可供对比，故将模拟计算得到的各骨干坝处日来水量交由相关部门验证。经验证，模拟计算得到的日来水量是合理的，说明将三关口流域的参数移用于好水川流域后，CASC2D 模型模拟的结果是可靠的。

从以上结果看，CASC2D 模型在三关口流域的产流模拟中计算精度优良，将其移用于相似流域好水川流域时，模拟结果也是合理的，说明 CASC2D 模型可用于无资料地区的径流模拟。

6.5　本章小结

本章首先将 CASC2D 模型应用于国内北方半干旱半湿润地区的宁夏三关口流域，对流域 1983—1987 年的 8 场洪水进行产流、产沙过程模拟，取得了较好的模拟效果，验证了模型的合理性及适用性，并对模型模拟结果进行分析，研究了模拟时段步长、土壤初始含水量、河道糙率等因素对模型模拟结果的影响。

然后对于无资料地区的好水川流域，移用临近且相似的三关口流域的参数，进行 2010 年及 2011 年 4—9 月的径流模拟，得到流域内 15 个骨干坝处的日来水量，经验证，模型模拟结果可靠，可用于无资料地区的径流模拟。

参　考　文　献

［1］徐宗学，程磊. 分布式水文模型研究与应用进展［J］. 水利学报，2010，41（9）：1009 - 1017.

［2］林峰，陈兴伟，姚文艺，等. 基于 SWAT 模型的森林分布不连续流域水源涵养量多时间尺度分析［J］. 地理学报，2020，75（5）：1065－1078.

［3］张汉辰，李致家，钟栗，等. CASC2D 模型在半湿润半干旱地区的应用与研究［J］. 中国农村水利水电，2015（10）：62 - 65.

［4］HANCHEN Z，ZHIJIA L，MUHAMMAD S，et al. Impact of DEM Resolution and Spatial Scale：Analysis of Influence Factors and Parameters on Physically Based Distributed Model［J］. Advances in Meteorology，2016，2016：1 - 10.

［5］CHEN L，YOUNG M H. Green - Ampt infiltration model for sloping surfaces［J］. Water Resources Research，2006，42（7）：887 - 896.

［6］李致家，屈晨阳，黄鹏年，等. CASC2D 模型与 GSSHA 模型在栾川流域的径流模拟［J］. 河海大学学报，2017，45（1）：1 - 6.

［7］YU Z，SHUSTER W. The Comparative Accuracy of Two Hydrologic Models in Simulating Warm - Season Runoff for Two Small，Hillslope Catchments［J］. Journal of the American Water Resources Association，2014，50（2）：434 - 447.

［8］BILLY E. JOHNSON，PIERRE Y JULIEN，DARCY K MOLNAR，et al. THE TWO－DIMENSIONAL UPLAND EROSION MODEL CASC2D - SED 1［J］. Jawra Journal of the American Water Resources Association，2010，36（1）：31 - 42.

［9］丁杰，何建华，谢红英. 基于单纯形法的新安江次洪模型的参数优化研究［J］. 水电能源科学，2010（11）：18 - 20

［10］张平，夏军，邹磊，等. 基于物理水文模型的不确定性分析［J］. 武汉大学学报（工学版），2016，49（4）：481 - 486.

［11］史晓亮，杨志勇，绪正瑞，等. 降雨输入不确定性对分布式流域水文模拟的影响研究——以武烈河流域为例［J］. 水文，2014，34（6）：26 - 32.

［12］杜玉鹏，田堪良，张爱军，等. 黄土地区不积雨条件下降雨入渗及其湿润锋移动规律［J］. 水电能源科学，2019，37（10）：15 - 18.

［13］刘松，张利平，余敦先，等. 干旱半干旱地区流域水文模型的适用性［J］. 武汉大学学报（工学版），2019，52（5）：384 - 390.

［14］李致家，胡伟升，丁杰，等. 基于物理基础与基于栅格的分布式水文模型研究［J］. 水力发电学报，2012，31（2）：7 - 15.

［15］阚光远，洪阳，梁珂，等. 基于 GPU 加速的水文模型参数率定［J］. 人民长江，2019，50（5）：69 - 73.

［16］沈洁，李致家，张鹏程. 基于栅格的分布式水文模型应用研究［J］. 人民黄河，

2014，36（6）：47－50.

[17] MARSIK M, WAYLEN P. An application of the distributed hydrologic model CASC2D to a tropical montane watershed [J]. Journal of Hydrology, 2006, 330（3－4）：481－495.

[18] LOPEZ － VICENTE M, NAVAS A, GASPAR L, et al. Impact of the new common agricultural policy of the EU on the runoff production and soil moisture content in a Mediterranean agricultural system [J]. Environmental Earth Sciences, 2014, 71（10）：4281－4296.

[19] 晁丽君，李致家，李巧玲，等. 基于 CASC2D 模型的县北沟流域径流模拟研究 [J]. 水电能源科学，2014，32（1）：17－20.

[20] JACOB D, HAERTER J O, EGGERT B, et al. Temporal and spatial scaling impacts on extreme precipitation [J]. Atmospheric Chemistry & Physics, 2015, 15：5957－5971.

[21] ZHAO YUXIN, CHANG SHUAI, LIU CHANG. Multifractal theory with its applications in data management [J]. Annals of Operations Research, 2015, 234（1）：133－150.

[22] 梁茹心，张维江，李娟，等. 宁南地区小流域径流模拟及参数敏感性分析 [J]. 人民黄河，2019，41（8）：10－13.

[23] 张传才，秦奋，张喜旺，等. 水沙物理模型 CASC2D－SED 的 DEM 尺度效应发生机制 [J]. 水文，2018，38（2）：15－24.

[24] 张传才，秦奋，肖培青. CASC2D－SED 模型的 DEM 尺度效应 [J]. 地理与地理信息科学，2016，32（2）：6－10.

[25] 刘志雨，谢正辉. TOPKAPI 模型的改进及其在淮河流域洪水模拟中的应用研究 [J]. 水文，2003，23（6）：1－7.

[26] 袁飞，任立良. 栅格型水文模型及其应用 [J]. 河海大学学报（自然科学版），2004，32（5）：483－487.

[27] 王文焰，汪志荣，王全九，等. 黄土中 Green－Ampt 入渗模型的改进与验证 [J]. 水利学报，2003（5）：30－34.

[28] 芮孝芳，黄国如. 分布式水文模型的现状与未来 [J]. 水利水电科技进展，2004，24（2）：55－58.

[29] H. V. GUPTA, C. PERRIN, G. BLÖSCHL, et al. Large － sample hydrology: a need to balance depth with breadth [J]. Hydrology and Earth System Sciences, 2014, 18（2）.

[30] NIEHOFF D, FRITSCH U, BRONSTERT A. Land － use impacts on storm － runoff generation: scenarios of land － use change and simulation of hydrological response in a meso － scale catchment in SW － Germany [J]. Journal of Hydrology, 2002, 267（1－2）：80－93.

[31] BRONSTERT A, KOLOKOTRONIS V, SCHWANDT D, et al. Comparison and e-valuation of regional climate scenarios for hydrological impact analysis: General scheme and application example [J]. International Journal of Climatology, 2007, 27（12）：1579－1594.

[32] HUNTER NM, BATES PD, HORRITT MS, et al. Simple spatially － distributed models for predicting flood inundation: A review [J]. Geomorphology, 2007, 90（3－4）：208－225.

［33］ LAAHA G，BLÖSCHL G. A national low flow estimation procedure for Austria ［J］. Hydrological Sciences Journal，2009，52（4）：625－644.

［34］ VOLK M，LIERSCH S，SCHMIDT G. Towards the implementation of the European Water Framework Directive? Lessons learned from water quality simulations in an agricultural watershed ［J］. Land Use Policy，2009，26（3）：580－588.

［35］ 孔凡哲，芮孝芳. TOPMODEL 中地形指数计算方法的探讨 ［J］. 水科学进展，2003，14（1）：41－45.

［36］ 李致家，黄鹏年，姚成，等. 灵活架构水文模型在不同产流区的应用 ［J］. 水科学进展，2014，25（1）：28－35.

［37］ 石朋，芮孝芳. 降雨空间插值方法的比较与改进 ［J］. 河海大学学报（自然科学版），2005，33（4）：361－365.

［38］ 邓晓宇，张强，陈晓宏. 气候变化和人类活动综合影响下的抚河流域径流模拟研究 ［J］. 武汉大学学报（理学版），2015，61（3）：262－270.

［39］ 池宸星，郝振纯，王玲，等. 黄土区人类活动影响下的产汇流模拟研究 ［J］. 地理科学进展，2005，24（3）：101－108.

［40］ 朱兵，何晓燕，王素芬，等. 基于 SCE－UA 算法的新安江日模型参数优化稳定性分析 ［J］. 水电能源科学，2016（11）：9－12.

［41］ 朱吉生，黄诗峰，李纪人，等. 水文模型尺度问题的若干探讨 ［J］. 人民黄河，2015，37（5）：31－37.

［42］ ZHANG J，CHU X. Impact of DEM Resolution on Puddle Characterization：Comparison of Different Surfaces and Methods ［J］. Water，2015，7（5）：2293－2313.

［43］ ERSKINE RH，GREEN TR，RAMIREZ JA，et al. Comparison of grid－based algorithms for computing upslope contributing area ［J］. Water Resources Research，2006，42（9）.

［44］ YANG J，CHU X. Effects of DEM resolution on surface depression properties and hydrologic connectivity ［J］. Journal of Hydrologic Engineering，2012，18（9）：1157－1169.

［45］ GITAU MW，CHAUBEY I. Regionalization of SWAT model parameters for use in ungauged watersheds ［J］. Water，2010，2（4）：849－871.

［46］ WAN H，XIA J，ZHANG L，et al. Sensitivity and Interaction Analysis Based on Sobol' Method and Its Application in a Distributed Flood Forecasting Model ［J］. Water，2015，7（6）：2924－2951.

［47］ GAN Y，DUAN Q，GONG W，et al. A comprehensive evaluation of various sensitivity analysis methods：A case study with a hydrological model ［J］. Environmental Modelling & Software，2014，51：269－285.

［48］ VAZE J，TENG J，SPENCER G. Impact of DEM accuracy and resolution on topographic indices ［J］. Environmental Modelling & Software，2010，25（10）：1086－1098.

［49］ ERSKINE RH，GREEN TR，RAMIREZ JA，et al. Digital elevation accuracy and grid cell size：effects on estimated terrain attributes ［J］. Soil Science Society of America Journal，2007，71（4）：1371－1380.

附录 A   流域相似性分析表

A.1   组间连接群集表

阶	群集组合		系数	首次出现阶群集		下一阶
	群集1	群集2		群集1	群集2	
1	26	27	1.090	0	0	13
2	11	12	1.157	0	0	10
3	17	18	1.162	0	0	12
4	24	25	1.329	0	0	7
5	7	13	2.211	0	0	19
6	16	20	2.488	0	0	17
7	24	31	2.758	4	0	15
8	29	30	2.906	0	0	24
9	3	6	2.927	0	0	21
10	8	11	2.940	0	2	16
11	4	5	3.086	0	0	27
12	10	17	3.264	0	3	20
13	26	32	3.618	1	0	18
14	9	15	4.056	0	0	22
15	24	28	4.571	7	0	18
16	8	21	5.328	10	0	19
17	1	16	5.927	0	6	21
18	24	26	6.060	15	13	24
19	7	8	6.090	5	16	20
20	7	10	6.757	19	12	30
21	1	3	6.907	17	9	22
22	1	9	7.818	21	14	26
23	14	19	9.728	0	0	26
24	24	29	10.464	18	8	29

群集组合			系数	首次出现阶群集		
阶	群集 1	群集 2		群集 1	群集 2	下一阶
25	22	23	11.008	0	0	29
26	1	14	11.150	22	23	28
27	2	4	12.544	0	11	28
28	1	2	15.780	26	27	30
29	22	24	16.779	25	24	31
30	1	7	17.229	28	20	31
31	1	22	32.567	30	29	0

A.2　组内连接群集表

群集组合			系数	首次出现阶群集		
阶	群集 1	群集 2		群集 1	群集 2	下一阶
1	26	27	1.089	0	0	10
2	11	12	1.156	0	0	7
3	17	18	1.159	0	0	9
4	24	25	1.328	0	0	6
5	7	13	2.211	0	0	19
6	24	31	2.283	4	0	14
7	8	11	2.345	0	2	15
8	16	20	2.487	0	0	17
9	10	17	2.562	0	3	19
10	26	32	2.774	1	0	18
11	29	30	2.906	0	0	26
12	3	6	2.926	0	0	21
13	4	5	3.083	0	0	29
14	24	28	3.427	6	0	18
15	8	21	3.836	7	0	20
16	9	15	4.056	0	0	23
17	1	16	4.781	0	8	21
18	24	26	4.839	14	10	22

续表

群集组合			系数	首次出现阶群集		
阶	群集1	群集2		群集1	群集2	下一阶
19	7	10	4.925	5	9	20
20	7	8	5.645	19	15	25
21	1	3	5.872	17	12	23
22	23	24	6.323	0	18	26
23	1	9	6.712	21	16	24
24	1	19	7.488	23	0	27
25	2	7	7.722	0	20	29
26	23	29	8.303	22	11	31
27	1	14	8.522	24	0	28
28	1	22	10.180	27	0	30
29	2	4	11.305	25	13	30
30	1	2	14.299	28	29	31
31	1	23	22.001	30	26	0

A.3 最近邻元素群集表

群集组合			系数	首次出现阶群集		
阶	群集1	群集2		群集1	群集2	下一阶
1	26	27	1.089	0	0	10
2	11	12	1.156	0	0	5
3	17	18	1.159	0	0	8
4	24	25	1.328	0	0	6
5	8	11	1.655	0	2	8
6	24	31	1.782	4	0	14
7	7	13	2.211	0	0	18
8	8	17	2.353	5	3	13
9	16	20	2.487	0	0	17
10	26	32	2.904	1	0	14
11	29	30	2.906	0	0	21
12	3	6	2.926	0	0	24

续表

阶	群集组合 群集1	群集2	系数	首次出现阶群集 群集1	群集2	下一阶
13	8	10	2.944	8	0	18
14	24	26	3.024	6	10	15
15	24	28	3.071	14	0	21
16	4	5	3.083	0	0	29
17	15	16	3.327	0	9	20
18	7	8	3.348	7	13	19
19	7	21	3.593	18	0	20
20	7	15	3.778	19	17	22
21	24	29	3.874	15	11	25
22	7	9	4.056	20	0	23
23	1	7	4.771	0	22	24
24	1	3	4.988	23	12	26
25	22	24	6.383	0	21	27
26	1	19	6.436	24	0	27
27	1	22	6.777	26	25	28
28	1	2	6.925	27	0	29
29	1	4	7.302	28	16	30
30	1	23	8.095	29	0	31
31	1	14	8.733	30	0	0

A.4 最远邻元素群集表

阶	群集组合 群集1	群集2	系数	首次出现阶群集 群集1	群集2	下一阶
1	26	27	1.089	0	0	14
2	11	12	1.156	0	0	17
3	17	18	1.159	0	0	10
4	24	25	1.328	0	0	12
5	7	13	2.211	0	0	19
6	16	20	2.487	0	0	18
7	29	30	2.906	0	0	27

阶	群集组合		系数	首次出现阶群集		下一阶
	群集 1	群集 2		群集 1	群集 2	
8	3	6	2.926	0	0	18
9	4	5	3.083	0	0	24
10	10	17	3.582	0	3	22
11	8	21	3.593	0	0	17
12	24	31	3.738	4	0	15
13	9	15	4.056	0	0	16
14	26	32	4.329	1	0	21
15	24	28	6.726	12	0	21
16	1	9	6.964	0	13	20
17	8	11	7.218	11	2	19
18	3	16	7.693	8	6	25
19	7	8	8.145	5	17	22
20	1	19	9.680	16	0	26
21	24	26	10.090	15	14	27
22	7	10	10.524	19	10	30
23	22	23	11.007	0	0	28
24	2	4	12.974	0	9	26
25	3	14	15.308	18	0	28
26	1	2	17.636	20	24	29
27	24	29	19.955	21	7	31
28	3	22	22.612	25	23	29
29	1	3	29.389	26	28	30
30	1	7	39.741	29	22	31
31	1	24	63.293	30	27	0

A.5 质心聚类群集表

阶	群集组合		系数	首次出现阶群集		下一阶
	群集 1	群集 2		群集 1	群集 2	
1	26	27	1.089	0	0	13
2	11	12	1.156	0	0	8
3	17	18	1.159	0	0	11

群集组合			系数	首次出现阶群集		
阶	群集1	群集2		群集1	群集2	下一阶
4	24	25	1.328	0	0	6
5	7	13	2.211	0	0	17
6	24	31	2.428	4	0	14
7	16	20	2.487	0	0	19
8	8	11	2.651	0	2	16
9	29	30	2.906	0	0	14
10	3	6	2.926	0	0	19
11	10	17	2.973	0	3	18
12	4	5	3.083	0	0	29
13	26	32	3.344	1	0	22
14	24	29	3.603	6	9	23
15	9	15	4.056	0	0	21
16	8	21	4.546	8	0	17
17	7	8	4.098	5	16	18
18	7	10	3.847	17	11	26
19	3	16	5.275	10	7	20
20	1	3	4.702	0	19	21
21	1	9	4.455	20	15	24
22	26	28	6.091	13	0	23
23	24	26	5.618	14	22	31
24	1	19	6.938	21	0	25
25	1	14	8.867	24	0	26
26	1	7	10.321	25	18	27
27	1	23	9.192	26	0	28
28	1	2	10.291	27	0	29
29	1	4	10.725	28	12	30
30	1	22	15.749	29	0	31
31	1	24	24.027	30	23	0

A.6 中位数聚类群集表

群集组合			系数	首次出现阶群集		
阶	群集1	群集2		群集1	群集2	下一阶
1	26	27	1.089	0	0	13
2	11	12	1.156	0	0	8
3	17	18	1.159	0	0	11
4	24	25	1.328	0	0	6
5	7	13	2.211	0	0	17
6	24	31	2.428	4	0	14
7	16	20	2.487	0	0	19
8	8	11	2.651	0	2	16
9	29	30	2.906	0	0	14
10	3	6	2.926	0	0	19
11	10	17	2.973	0	3	18
12	4	5	3.083	0	0	27
13	26	32	3.344	1	0	23
14	24	29	3.670	6	9	24
15	9	15	4.056	0	0	21
16	8	21	4.087	8	0	17
17	7	8	4.235	5	16	18
18	7	10	4.056	17	11	28
19	3	16	5.275	10	7	20
20	1	3	4.702	0	19	21
21	1	9	4.116	20	15	22
22	1	19	6.084	21	0	25
23	26	28	6.161	13	0	24
24	24	26	5.944	14	23	31
25	1	14	8.715	22	0	26
26	1	2	10.591	25	0	27
27	1	4	9.122	26	12	28
28	1	7	9.985	27	18	29
29	1	23	8.535	28	0	30

群集组合			系数	首次出现阶群集		
阶	群集 1	群集 2		群集 1	群集 2	下一阶
30	1	22	12.497	29	0	31
31	1	24	14.954	30	24	0

A. 7   Ward 法聚类群集表

群集组合			系数	首次出现阶群集		
阶	群集 1	群集 2		群集 1	群集 2	下一阶
1	26	27	0.544	0	0	14
2	11	12	1.123	0	0	11
3	17	18	1.702	0	0	12
4	24	25	2.367	0	0	10
5	7	13	3.472	0	0	19
6	16	20	4.716	0	0	17
7	29	30	6.169	0	0	26
8	3	6	7.632	0	0	20
9	4	5	9.174	0	0	27
10	24	31	10.792	4	0	15
11	8	11	12.559	0	2	16
12	10	17	14.541	0	3	23
13	9	15	16.569	0	0	18
14	26	32	18.799	1	0	22
15	24	28	21.656	10	0	22
16	8	21	25.066	11	0	19
17	1	16	28.603	0	6	20
18	9	19	33.299	13	0	24
19	7	8	38.762	5	16	28
20	1	3	44.262	17	8	24
21	22	23	49.765	0	0	27
22	24	26	56.367	15	14	26
23	2	10	63.100	0	12	28

群集组合			系数	首次出现阶群集		
阶	群集 1	群集 2		群集 1	群集 2	下一阶
24	1	9	70.839	20	18	25
25	1	14	78.721	24	0	29
26	24	29	90.638	22	7	31
27	4	22	103.405	9	21	29
28	2	7	116.535	23	19	30
29	1	4	136.750	25	27	30
30	1	2	185.590	29	28	31
31	1	24	341.015	30	26	0

A.8 相关矩阵

指标	流域面积	流域平均坡度	高程差	土壤砂粒含量	土壤粉粒含量	土壤黏粒含量	沙化率	耕地率	灌丛地率	降水量	干旱指数
流域面积	1.000	−0.355	0.050	0.093	−0.088	−0.106	0.235	−0.386	0.242	−0.265	0.279
流域平均坡度	−0.355	1.000	0.342	−0.559	0.523	0.638	−0.503	0.538	−0.518	0.752	−0.698
高程差	0.050	0.342	1.000	−0.142	0.113	0.210	0.100	0.016	−0.063	0.039	0.067
土壤砂粒含量	0.093	−0.559	−0.142	1.000	−0.997	−0.974	0.434	−0.660	0.692	−0.532	0.442
土壤粉粒含量	−0.088	0.523	0.113	−0.997	1.000	0.952	−0.463	0.675	−0.688	0.534	−0.451
土壤黏粒含量	−0.106	0.638	0.210	−0.974	0.952	1.000	−0.342	0.597	−0.678	0.510	−0.405
沙化率	0.235	−0.503	0.100	0.434	−0.463	−0.342	1.000	−0.609	0.300	−0.785	0.794
耕地率	−0.386	0.538	0.016	−0.660	0.675	0.597	−0.609	1.000	−0.814	0.537	−0.523
灌丛地率	0.242	−0.518	−0.063	0.692	−0.688	−0.678	0.300	−0.814	1.000	−0.426	0.374
降水量	−0.265	0.752	0.039	−0.532	0.534	0.510	−0.785	0.537	−0.426	1.000	−0.968
干旱指数	0.279	−0.698	0.067	0.442	−0.451	−0.405	0.794	−0.523	0.374	−0.968	1.000